JN222194

ゴム補強繊維の接着技術

髙田忠彦 ［著］

日刊工業新聞社

はじめに

　繊維補強ゴム複合材料は、自動車の部品のほか、多くの用途に使われている。代表的な繊維補強ゴム複合材料は、タイヤ、伝動ベルト、搬送ベルトや各種ゴムホースである。これらの繊維補強ゴム複合材料は、用途によってそれぞれ要求性能が異なるが、最も重要な性能は、ゴムと補強繊維との接着性である。

　しかし、短繊維、撚糸コード、織布、スダレ織などいろいろな形態で補強されている繊維補強ゴム複合材料は、接着性がもっとも大事な性能であるにも関わらず、ゴムと補強繊維の接着技術に関する専門書は少ないように思われる。

　この分野の接着加工技術はすでに成熟していると言われているが、繊維補強ゴム複合材料にとって、補強繊維の接着処理が重要な技術であることは言うまでもない。1990年初めのバブル経済崩壊後、国内で実施されていた補強繊維の生産や接着処理加工はタイや中国などの発展途上国に技術移転され、主として海外で実施されるようになってきた。すでに、海外の方が国内よりも生産量は多くなっていると推定される。

　このような状況の中で、ゴムと補強繊維の接着技術について学びたいと希望する研究者、技術者に対して、これまでの接着技術をまとめた専門書を執筆することは、技術伝承の観点からもきわめて大きな意義があると考える。

　筆者は企業の技術者、研究者として、長年、ゴムと補強繊維の接着処理技術の開発に携わってきた。また幸いにも、筆者は繊維会社を退職後、大学に職を得て、研究者・技術者にゴムと補強繊維の接着に関する講義をする多くの機会が得られ、教材用の資料を多く作成した。それらの資料をもとに専門書としてまとめたものが本書である。

　本書では、ゴム補強繊維の全体が理解できるように、製糸法、物性など接着以外の関連項目も含めて、以下のように構成した。

　第1章では、各種ゴム補強繊維の用途別消費量推移、ゴム補強繊維に要求される力学的性能および補強繊維のゴム補強形態（短繊維、撚糸コード、スダレ織物

および織布)、ゴム複合材料用途など、この分野の全体について述べる。

第2章では各種繊維の化学的、物理的な表面が接着剤の濡れ性に関係するが、被着体（補強繊維）と液体（接着剤）の濡れ角度、表面張力、溶解度指数や接着機構など接着の基礎理論について概説する。

第3章では、ゴム補強繊維の接着技術の考え方や繊維とゴムの接着技術の概要を記載する。

第4章では、各種補強繊維の製法や物性の概要を述べ、接着技術について記載した。特に、レーヨン繊維用接着剤として開発され、現在も汎用的に使われている水系ＲＦＬ接着剤の開発経緯や現状やポリエステル繊維の表面処理技術を詳細に述べた。

第5章では、基礎研究で開発された接着技術を実用化するための接着加工生産技術について、技術移転の観点から述べ、生産管理を含めて記載した。

第6章では、繊維とゴムの真の接着力は不明であるが、破壊によって評価される静的および動的接着接着評価法について述べる。

第7章では、接着技術の開発動向を述べた。2000年以降、環境に与える影響が重要視されるようになり、溶剤を使用しない環境に優しい水系接着剤の開発が望まれている。また、RFフリー接着剤、溶剤接着剤から水系接着剤への代替は時代の流れと言える。

なお本書は、ゴム補強繊維として汎用的になっているポリエステル繊維に関する接着技術に多くのページを費やしている。ゴムと補強繊維の接着技術開発に関係する研究者や技術者の参考資料として、少しでもお役に立てばと思う。活用していただければ誠に幸いである。

2024年12月

髙田　忠彦

ゴム補強繊維の接着技術

目　次

第1章　ゴム補強繊維の概要

第2章　繊維とゴムの接着基礎

第**3**章　ゴム補強繊維の接着加工技術

第**4**章　各種補強繊維の概要と接着技術

第5章　ゴム補強繊維の接着加工生産技術

第6章　接着性評価法

第7章　ゴム補強用繊維の接着技術開発動向

第 **1** 章

ゴム補強繊維の概要

繊維補強空気入りタイヤ（pneumatic tire）は、1888年、J.B.Dunlopによって開発された。補強繊維としてアイルランド製亜麻（Irish Flux）が用いられていた。その後、綿キャンバスが補強繊維として使われるようになった[1]。この開発を契機として、革新的なタイヤ技術が次々に開発され、現在に至っている。タイヤは繊維補強ゴム複合材料の代表として、タイヤ用ゴムおよび補強繊維の発展により、タイヤの性能が向上してきたのは周知の通りである。さらに、タイヤが高性能を発揮するには、ゴムおよび補強繊維のそれぞれの物性がきわめて重要であるが、その中でもゴムと補強繊維の接着性が大きく影響することもよく知られている。

　繊維補強ゴム複合材料はタイヤだけでなく、伝動ベルト、搬送ベルトやゴムホースなど多くの用途に応用されており、自動車用部品としてだけでなく、産業界においてきわめて重要な位置づけを占めている。

　本章では、ゴム補強繊維について、繊維素材の状況、要求される性能、繊維の補強形態などについて、その概要を説明する。

1.1　ゴム補強繊維の状況

　当初、ゴム補強繊維は麻、綿などの天然繊維が使用された。その後、再生繊維であるレーヨン繊維、ポリアミド（ナイロン）繊維、ポリエステル（以下、PETと略す）繊維など合成繊維が次々と開発され、ゴム補強繊維として使われるようになった。現在はこれらの繊維がゴム補強繊維として汎用的に使われている。

　その他、ガラス繊維、ビニロン繊維もその特徴を生かして、ゴム補強繊維として使われている。さらに力学的性能や耐熱性に優れる高性能繊維であるアラミド繊維（パラ型およびメタ型）や炭素繊維も開発された。パラ型アラミド繊維はゴム補強繊維としての用途開発が進んでいる。炭素繊維もゴム補強繊維として期待されているが、本格的に使われるには、まだまだ時間がかかると推察される。無

機繊維のガラス繊維、金属繊維であるスチール繊維がゴム補強繊維として使われていることもよく知られている。

繊維ゴム複合材料の代表であるタイヤ用補強繊維はタイヤ形態、繊維の要求性能に伴って変遷してきた。**図1.1**は米国のタイヤ補強用繊維使用量の変遷[2]を表したものである。米国と比較して、国内では10年程度遅れて代替が進んだ。

図1.2にゴム補強繊維（タイヤコード）の国内年度別消費量[3]推移を示した。

1990年（平成2年）ごろから、補強繊維消費量はナイロン繊維が著しく減少し、逆にPET繊維の消費量が増大している。これはタイヤ形状が後述のバイヤスタイヤからラジアルタイヤに変化したことが大きな理由である。ラジアルタイヤの補強繊維（カーカス材）はPET繊維の性能が適している。

しかし、PET繊維も2005年（平成17年）ごろをピークに消費量減少の傾向が見られる。これはタイヤの製造拠点が海外に移転し、国内のタイヤ生産量が減少したためと推定される。2008年（平成20年）、繊維全体の消費量が一時的に落ち込んでいるのは、リーマンショックによる景気後退の影響と推察される。

乗用車のタイヤ形状はすでにラジアルタイヤがメインとなっており、現在はほ

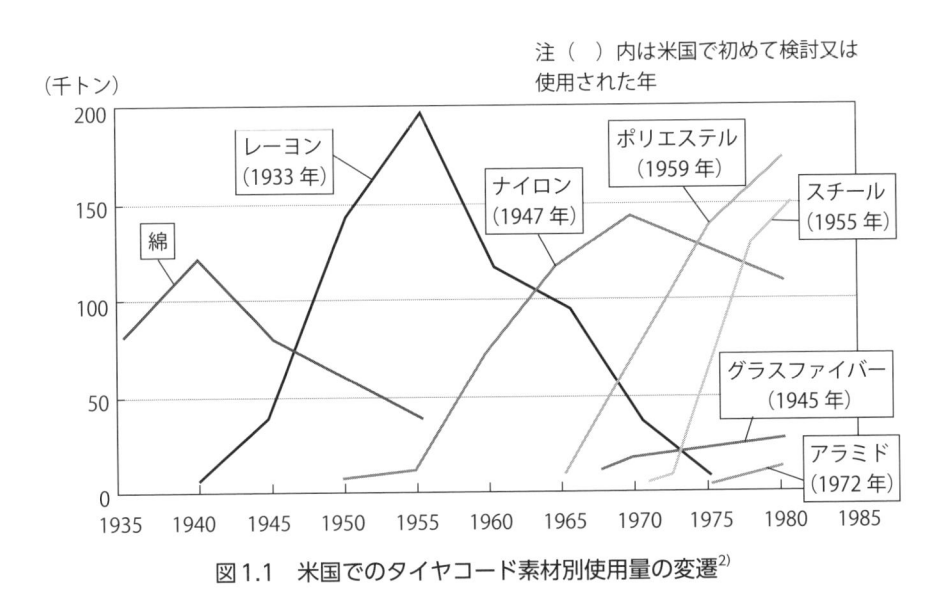

図1.1　米国でのタイヤコード素材別使用量の変遷[2]

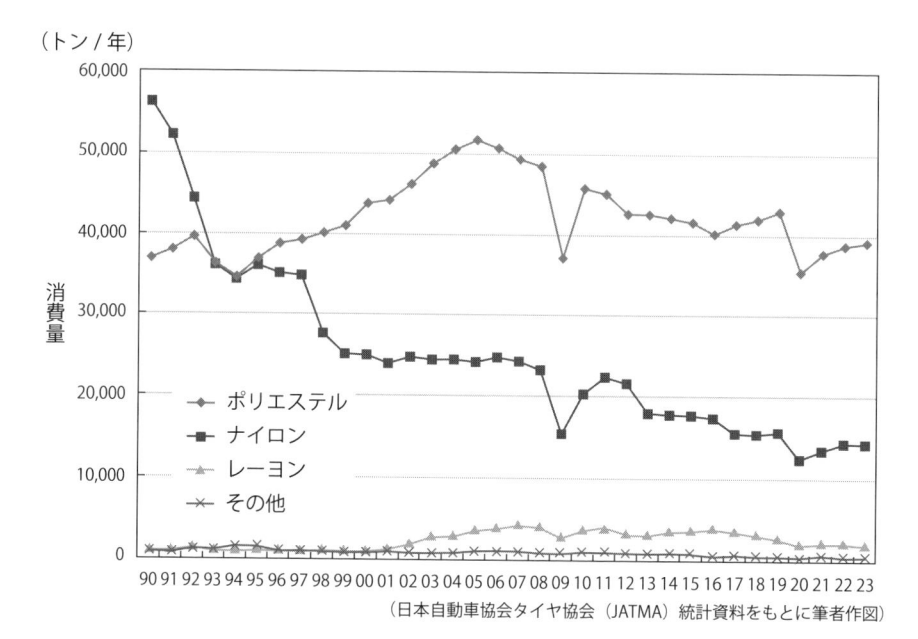

（日本自動車協会タイヤ協会（JATMA）統計資料をもとに筆者作図）

図1.2　ゴム補強繊維（タイヤコード）の国内年度別消費量[3]

ぼ100%この形状となっている。カーカス材はPET繊維がメインであるが、2000年（平成12年）以降、消費量は少ないが、レーヨン繊維が再び使用されるようになってきた。もはやレーヨン繊維はタイヤゴム用のメインの補強繊維にはなり得ないと推測するが、現在では3000トン/年前後の消費量となっている。レーヨン繊維は強度が低いものの、寸法安定性や接着性が良く、高性能タイヤが製造でき、環境に優しい繊維であることが見直された一因と推察される。一方、レーヨン繊維は製造法に課題があることも知られている。この課題を解決するために、新たな製造法が特許出願されている[5]。今後の消費動向には注意を払うべきであろう。

　本書では詳細は取り上げないが、ラジアルタイヤのベルト材に使われるスチール繊維の消費量（2023年）は212,904トンである[3]。スチール繊維のゴムとの接着性は真鍮メッキすることにより付与される[4]。

　なお、各繊維の製造法および物性などについては、それぞれの繊維の接着技術を紹介する際に述べる。

1.2 ゴム補強繊維の要求性能

　ゴム／繊維複合材料の代表的な用途は、タイヤ、伝動ベルト、搬送（コンベア）ベルトおよびゴムホースである。ゴム補強繊維の要求性能はそれぞれの用途により異なる。要求される基本性能は引張強度、弾性率、乾熱収縮、耐疲労性および接着性である。今日まで、多くのゴム補強繊維が開発され、各種ゴムの補強用途に適用されてきた。**表1.1**にゴム補強繊維の物性の概要を示した。

　表1.1から明らかなように、ゴム補強繊維はそれぞれ課題を抱えていることがわかる。特に、補強繊維とマトリックスゴムとの良好な接着性はきわめて重要な性能である。これまで各種繊維に対する多くの接着技術が開発されてきた。

　繊維表面が不活性な繊維に対しては表面処理技術の開発がされてきた。たとえ

表1.1　代表的なゴム補強繊維の物性の概要

繊維	強度	寸安*	疲労性	接着	ゴム用途
レーヨン	△	○+	△	◎	タイヤ・ホース
ビニロン	△	○	○	○	ホース・搬送ベルト
ナイロン	○	△	◎	○	タイヤ・ホース・搬送ベルト
PET	○	○⁻	○	×	タイヤ・ホース・伝動&搬送ベルト
PEN	○	○	△	×	タイヤ・伝動ベルト
アラミド	◎	◎	×	×	タイヤ・伝動&搬送ベルト
ガラス	△	◎	×	◎☆	伝動ベルト
カーボン	◎	◎	×	◎☆	伝動ベルト
スチール	◎	◎	◎	◎☆	タイヤ・ホース・伝動&搬送ベルト

注）◎優良、○良好、△やや劣る、×劣る
　　PEN：ポリエチレンナフタレート
　　＊印：寸安（寸法安定性）＝弾性率＋乾熱収縮率
　　☆印：表面処理有の場合

ば、ガラス繊維に対しては、シランカップリング剤処理[6]、炭素（カーボン）繊維に対しては陽極酸化法[7]、スチール繊維に対しては真鍮メッキ[4]の開発が著名である。これらの表面処理により、マトリックスゴムに対して優れた接着性が得られる。

図1.3に代表的な繊維の応力−伸度（S-S：Stress-Strain）曲線を示した[8]。各繊維の特徴がよくわかる。

タイヤ用補強繊維は、被着体（マトリックス）であるゴムの開発やタイヤ形状の変化に伴って発展してきた。タイヤの構成材料のうち、補強繊維が果たす役割はきわめて大きい。表1.2に繊維物性とタイヤの関連性能の関連を示した[9]。

表から明らかなように、補強繊維の力学的特性とゴムとの接着性が大きな役割を果たしていることがわかる。特に接着性は、タイヤの基本性能と考えられる形態保持性および走行耐久性にとってきわめて重要な性能である。

用途によっては、要求性能が異なる場合がある。たとえば、伝動ベルト用補強繊維の場合には、走行時の伝動ベルトの発熱によって、補強繊維（コード）に発

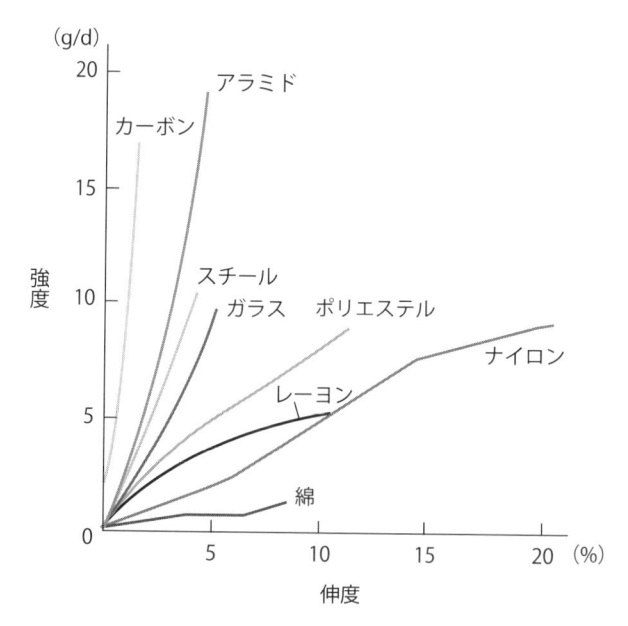

図1.3　各種繊維のS-S曲線[8]

表1.2　タイヤ補強繊維とタイヤ性能[9]

タイヤ補強繊維	タイヤ性能
強度及び靭性	形態保持性、衝撃吸収性、軽量化（繊維密度が関係）
弾性率	形態保持性、走行安定性
乾熱収縮	熱時形態保持性
接着性	形態保持性、耐久走行性
寸法安定性	形態保持性
耐疲労性	耐走行性

生する適度の収縮応力がゴムとプーリーとのスリップを防ぐ働きをする。伝動ベルトの伝動効率をあげる役割を担う補強繊維として、接着性付与時に熱処理条件を最適化し、適度の収縮応力を発現するPET繊維が最適な繊維として使われている。最近では、パラ型アラミド繊維補強伝動ベルトも開発されている。この用途には、オートテンショナー（自動張力調整機）が使用されていると推定される。

　また、自動車用部品として多く使われている繊維補強ゴムホースは補強繊維の寸法安定性、耐熱性やホース内管の流体に対する耐久性などが必要である。そのため、被着体ゴムや補強繊維の種類も多様である。

　たとえば、ブレーキホースはブレーキ液によりブレーキ性を制御させる目的から、これらの補強繊維に対する要求特性は、良好な寸法安定性や高耐熱性、耐薬品性である。さらには、搬送（コンベア）ベルトは鉱物の採掘現場、セメント、粉体、生産工場の物品の搬送など、産業界で大きな役割を果たしている。これらの用途で使われるベルトも、多くの種類の有機繊維やスチール繊維が、撚糸コードもしくは織物形態でゴムを補強している。もちろんマトリックスゴムも用途によって最適なゴムが適用される。繊維補強／ゴム複合材料の用途は、それぞれのメーカーが最適な組み合わせを設計している。

　このように、ゴム補強繊維は繊維／ゴム複合材料の中で、果たす役割がきわめて大きいことがわかる。そして、用途に関わらず、ゴム複合材料としての形態を保持するために、繊維とゴムの接着性はきわめて重要である。

　ゴム補強繊維は用途によって種々の補強形態で使用される。補強形態として
は、①ミルドファイバー、②短繊維（カットファイバーもしくは、チョップド
ファイバー）、③長繊維、④撚糸コード、⑤スダレ織物、⑥織布がある。

　それぞれの繊維は、顧客から指定された仕様（長さ、織物・織布の場合には巾
方向に均一な形状、形態で、性能が一定のバラツキ内に入ること）を満足する補
強形態に成形される。

　図1.4に接着処理を含めた一般的な加工工程を示した。図から明らかなよう
に、ゴムとの複合に至るまでの工程は、補強形態によって異なる。工程が長くな
るにつれ、原糸が有する本来の力学的特性を維持することが難しくなるため、綿
密な工程管理が必要である。その後、接着処理工程を経るが、接着性にも補強形
態が影響する場合があるので、一連の工程管理が重要である。

　繊維補強ゴム複合材料には、一般的には繊維／ゴムとの接着性が重要であるた

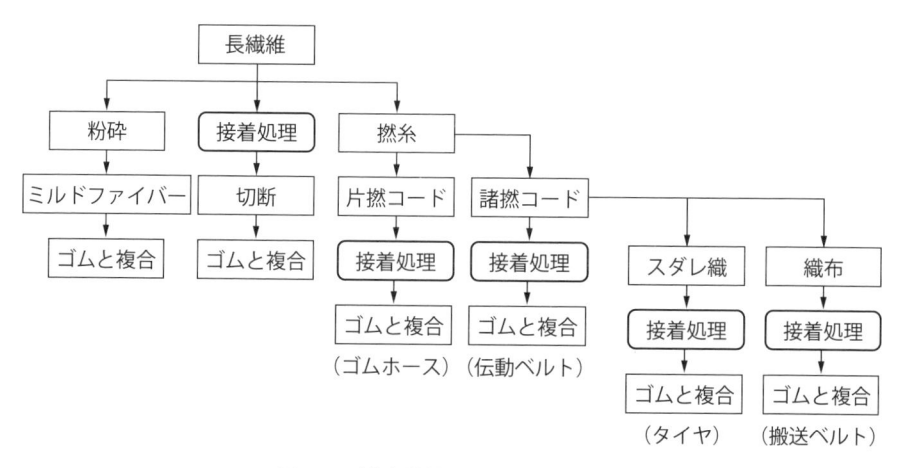

図1.4　補強繊維の用途と加工工程

め接着処理は必須であるが、ミルドファイバー（ガラス繊維および炭素繊維）は接着処理なしでゴムと補強される。また、長繊維を切断した短繊維（カットファイバー、チョップドファイバー）は接着処理されるが、接着処理なしで使われることもある。以下では、それぞれの繊維の補強形態を説明する。**表1.3**に繊維補強ゴム複合材料の用途と補強繊維の形態を示した。

1.3.1 ミルドファイバー

ミルドファイバーはガラス繊維や炭素繊維などを特殊な方法で$30 \sim 300 \mu m$に粉砕した粉末状、または綿状の外観をもつ製品で、短繊維（カットファイバー、チョップドファイバー）とガラスパウダーの中間機能を果たしている。マトリックス（ゴム、樹脂）と混合することにより、成形品の優れた表面性能を維持しながら、熱的性質、寸法安定性などの物性を向上させることを目的としている。樹脂補強に使われることが多いが、ゴム補強用途にも使われている[10]。接着処理は実施されていない。

1.3.2 短繊維（カットもしくはチョップドファイバー）

短繊維は接着処理繊維を切断して製造され、ゴムと混合して使用される。繊維長（カット長）、アスペクト比（L/D＝繊維長/繊維直径）は、顧客によって決

表1.3 繊維補強ゴム複合材料の用途と補強繊維の形態

	織物	編組、スパイラル	撚糸コード	短繊維
タイヤ	○（スダレ、チェーファー用織物）	－	○（諸撚）	○
伝動ベルト	○（カバー布、歯布）	－	○心線（諸撚）	○
コンベヤベルト（搬送）	○	－	○（諸撚）	－
ホース	○（布巻）	○	○（片撚）	－

注）タイヤ、コンベアベルト補強繊維は撚糸コードを経て、織物に加工

定されている。

　繊維長は0.5〜10mmが使用されていると推定される。アスペクト比が大きい
ほど、また繊維長が長いほど補強効果は大きい。しかし、ゴムに配合された短繊
維が性能を発揮するためには、ゴムとの接着性およびゴム中で単糸1本ずつが均
一に分散することが重要である。ゴム中に短繊維を均一に分散させるためには、
単に機械的な分散方法だけでなく、短繊維が分散しやすい表面処理剤の工夫も必
要である。

　また、分散中に短繊維が切断を起こさないように混錬することも重要である。
特に、ガラス繊維や炭素繊維は硬く、脆く、切断しやすいため、混錬法の工夫が
必要である。一般的には、長繊維あるいはコードで接着処理後、切断し、未加硫
ゴムと混合し、練り合わせる。

　短繊維補強の狙いはゴム物性、特に力学的性能（強伸度、弾性率）、クリープ
抵抗、引き裂き抵抗、衝撃強度の改良などであるが、使用条件下の形態安定性改
良の狙いもある。また、補強短繊維は接着処理することが多いが、短繊維／ゴム
複合材料の屈曲疲労は、高接着処理よりも低接着処理が良い場合もある[11]。接着
処理なしで複合される場合もある。短繊維／ゴム複合材料では、混錬機にも工夫
が見られ、均一分散法や接着処理については十分に検討する必要がある。短繊維
補強に関する多くの研究[12]や総説[13]がある。

1.3.3　撚糸コード

　ミルドファイバーや短繊維以外のゴム補強繊維は通常、撚をかけて使われる。
　撚数、撚糸方向（S撚、Z撚）、片撚、諸撚（双撚）、コード構成本数、スダレ
構成、織物構成は、それぞれタイヤメーカー、ベルトメーカーおよびゴムホース
メーカーによって、最適な補強形態が決定されている。

　図1.5は撚糸方向を示したものである。右撚（S撚）もしくは左撚（Z撚）が
ある。また、撚糸方式と撚コードの形態を**図1.6**に示した。

　図から明らかなように、片撚コードは1本もしくは2本以上の糸を引き揃えて
（合糸という）SもしくはZ撚に撚糸する。諸撚コードは、まず下撚、すなわち
右撚（S撚）もしくは左撚（Z撚）をかけた後、逆の方向に上撚をかけるのが一

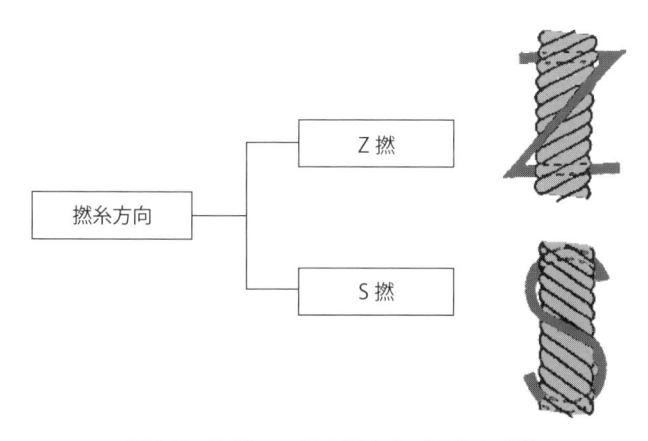

図1.5　片撚コードの撚方向（ZおよびS）

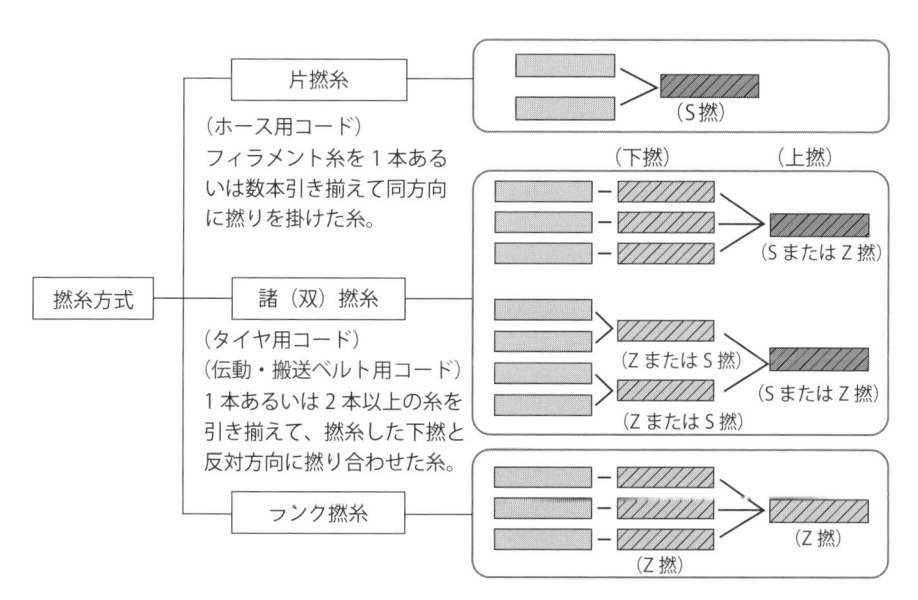

図1.6　撚糸方法と形態

一般的である。下撚と上撚を同じ方向にかけるラング撚もある。撚糸には、引き揃え性を向上させ、外観を均一化させるねらいがある。強力利用率の優れた撚糸コードを得るためには、原糸製造時の油剤種、付着率はもちろんのこと、撚糸技術の良し悪しも関係する。

ゴムホース用コードは、片撚コードで補強される場合が多く、比較的低撚数で撚糸される。一般的には低撚係数で引き揃え性効果が発揮され、高強力、高弾性率が得られるので、寸法安定性が要求されるゴムホースには好都合である。特許などの情報によると、ゴムホース補強用片撚コードはS撚が適用される。

　一方、伝動ベルトの心線やタイヤコードの場合には諸撚コードが適用される。撚形態、構成本数、撚数および繊維太さ（de, dtex）などは繊維／ゴム複合材料の用途によって使い分けられている。

　撚をかけるには、**図1.7**に示す撚糸機が使用される[14]。写真からわかるように、各種ゴム補強用撚糸コードは代表的な撚糸機としてリング撚糸機（下撚コードおよび上撚コードを別々に撚糸）や直撚糸機（DTC：下撚コードと上撚コードを1工程で撚糸）が知られている。

　ベルトコードは下撚がS撚、上撚はZ撚、またタイヤコードは下撚がZ撚、上撚はS撚が使われている。用途によって撚り方向を変える理由は定かでないが、タイヤ、伝動ベルトやゴムホースメーカーの意向によると推察される。

　単繊維（モノフィラメント）の集合体である繊維（マルチフィラメント）の集束性は、撚りをかけることによって向上する。**図1.8**に撚係数と引張強度と疲労性の関係の概念図に示した。ある一定の撚係数により引張強度は最高値を示す。そこからさらに撚係数を増やすと引張強度は低下するが、切断伸度は大きくなり、同時に疲労性は向上することがわかる。同じ太さの糸であれば、傾向は一緒である。糸の太さが異なる場合には、撚係数で比較することになる。一般的には、次式で示される。

〇直撚糸機（DTC）　　　〇リング撚糸機（下撚）　　　〇リング撚糸機（上撚）

（綾羽工業提供）

図1.7　撚糸機の種類[14]

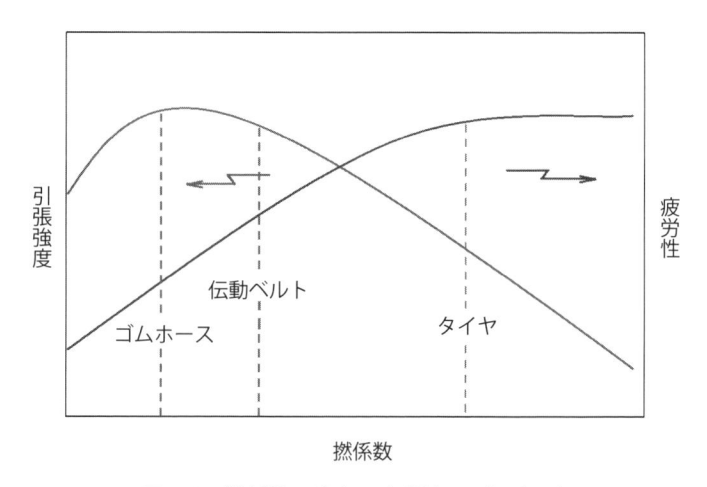

図1.8　撚係数と強度・疲労性の（概念図）

$$K = \frac{T}{\sqrt{D}}$$

K：撚係数、T：撚数(回/m)、D：デニール

　引張強度と疲労性のバランスをとる撚係数が設定され、撚糸される。撚係数によって、それぞれの用途に最適な撚数はメーカーによって決定されている。

1.3.4　スダレ織物、織布

　繊維補強形態として、スダレ織物や織布もある。スダレ織物は**図1.9**に示すように、撚糸コードを経糸、綿糸やレーヨンなどの紡績糸、合成繊維糸を緯糸とした目の粗い織物[15]である。自動車用タイヤの補強織物として使われている。

　スダレ織物は、タイヤコードを経糸として、1000〜1500本を成形して並べ、緯糸は3〜5本/5cmとなるように製織（スダレ織物）して得られる。また、搬送（コンベア）ベルトの補強には、織布（帆布）が用いられる。これらの織物を製織するためには製織機が必要である。**図1.10**に織機の種類を図示した[16]。

　タイヤコード用スダレ織物用織機として汎用的に使われるのは、シャトル織機やエアージェット織機である。レピア織機（棒レピア・バンドレピア）は織布用で、コンベアベルトの補強用織物として適用されている。図1.10にエアージェット織機とレピア織機を代表例として示した[16]。

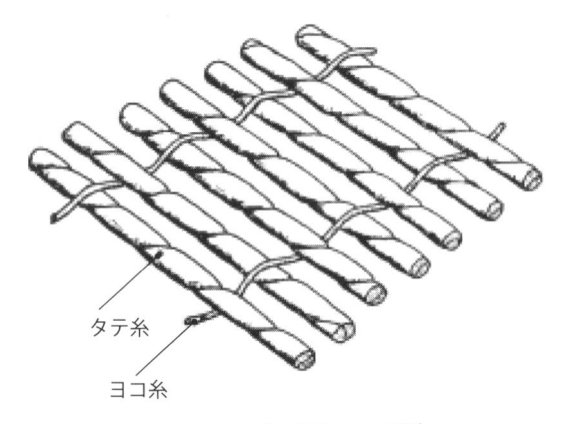

タテ糸

ヨコ糸

図1.9 スダレ織物の一例[15]

○エアージェット織機

○ビーム織機
（棒レピア）

○ビーム織機
（ハンドレピア）

（綾羽工業提供）

図1.10 スダレ織物、織布用織機[16]

タイヤ補強用スダレ織物や搬送（コンベア）ベルト用織布は、繊維種、撚数、構成本数、織物規格はそれぞれのメーカーの要求に合わせて設計され、製造される。最終用途によって多くの規格が採用されている。

1.3.5 その他の補強形態

ここまでゴム補強繊維の補強形態について記載してきた。その他にも、マンドレル（ホースを連続生産するための金属製もしくは樹脂製心材）に巻きつけた未加硫ゴムに撚糸コードをスパイラル状に巻き付けて補強するゴムホースや、編組機で編組しながら補強するゴムホースが実用化されている。このような成形法は、ホースメーカーの仕様に基づいて実施されている。

1.4 ゴム補強繊維の用途別概要

　ゴム補強繊維のゴム複合材料用途については概要を表1.1に示したが、本節ではさらに詳細に紹介する。

1.4.1　タイヤ補強繊維（タイヤコード）

　ゴム補強繊維の代表的な用途はタイヤである。一般的に、タイヤ補強には補強繊維原糸から撚糸コード（タイヤコード）を作成後、製織した図1.9に示すスダレ織物を接着処理して使われる。タイヤコードは、通常、繊維原糸に下撚（Z）をかけ、その後下撚コードを複数本（2本撚もしくは3本撚）あわせて上撚（S）をかける。撚方向は特に確たる理由はなく、慣習的に決められているようである。

　下撚、上撚数やコード構成本数、スダレ織物規格はタイヤメーカーによって決定されている。下撚、上撚数や構成本数は図1.8に示すように、タイヤメーカーがコード強力と疲労性のバランスから決定していると推定される。タイヤ補強用コードとして撚糸コードが使用されるのは、集束性を上げ、疲労性を向上させることが大きな目的である。それに加えて撚をかけることによって、撚糸コード表面に凹凸が生じるため、接着性向上にも寄与している。

　撚糸コードは製織工程を経て、図1.9に示したスダレ織物に加工される。撚糸コードは通常は経糸に用いられ、緯糸には綿、レーヨンコードなどの低強力コードや伸びの大きいコードが使われる。

　タイヤ構造の開発の歴史は以下の通りである[17]。当初、麻や綿などのタイヤ用補強繊維をキャンバス織物（帆布）に加工し、ゴム糊に浸しゴムチューブを重ね合わせてタイヤ形状を作り上げていた。しかし、このタイヤは走行時に重ねあわされたキャンバス地が互いにすれ合い、擦り切れ、走行距離が少なく耐久性が悪かった。

その後、1903年にJ.F.パーマーが経糸をすだれ状に並べ緯糸で固定したスダレ織物（図1.9）を薄いゴムの間に挟み、バイアスに2枚重ね合わせ（カーカス材という）、タイヤにかかる力を分散させるタイヤ構造を作り上げた。このタイヤ構造が**図1.11**に示すバイヤスタイヤであり、クッション性が良く、耐衝撃性も改良された[18]。カーカス材を締め付けるブレーカー（ナイロン/ゴムの複合体）が使われる場合[19]もある。この構造により、タイヤの寿命が著しく伸びたという。実用化されたのは、1920年頃であった。綿、レーヨン、ナイロンおよびPETタイヤコードが、図1.11に示すカーカス材として適用されてきた。バイヤスタイヤ構造は乗用車だけでなく、トラック・バスや航空機用のタイヤにも適用されている。

　バイヤスタイヤの時代が長く続いたが、その後、舗装道路や高速道路が整備され、これらの道路の走行に適合したラジアルタイヤが使われるようになってきた。このタイヤ構造はH. グレイとT.スローパーが開発した。ラジアルタイヤの構造は、図1.11に示す[18]ように、従来のスダレ織物をバイアスに2枚重ねる構造から、タイヤの走行方向に対してスダレ織物を直角に配置する。バイヤスタイヤの構造と同様にスダレ織物をカーカス材という。カーカス材としては、レーヨン繊維もしくはPET繊維が適用されているが、主たる繊維はPET繊維である。また、タイヤの回転方向にはベルト材と呼ばれるスチール繊維補強コードを巻きつけ、カーカス材を締めつける構造となっている。

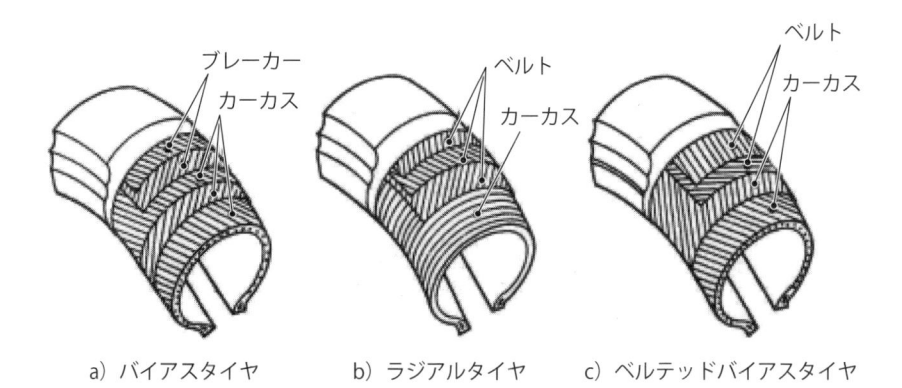

　a）バイアスタイヤ　　　b）ラジアルタイヤ　　　c）ベルテッドバイアスタイヤ

図1.11　タイヤ構造[18]

　ラジアルタイヤは1946年、ミシェラン社が実用化し、特許申請も行った。ラジアルタイヤの特徴はタイヤが変形しにくいことであるが、バイヤスタイヤに比較して乗り心地は若干悪くなる。1948年、ピレリ社はスチーベルトの代替材料としてレーヨン製ベルト使用のラジアルタイヤ「チンチュラート」を開発した。

　国内のタイヤメーカーでは、ブリヂストン（BS社）が、1930年、バイヤスタイヤ、次いで、1967年からラジアルタイヤの製造をそれぞれ開始した。

　その間、ガラス繊維をベルト材に適用するベルテッドバイヤスタイヤが開発された。1970年代に米国を中心に生産されたが、性能が中途半端で、十分に普及しなかった。このタイヤは、わが国ではほとんど製造されなかった[20]。タイヤ用補強織物としては、スダレ織物が現在も使われ続けている。

　最近では、**図1.12**[21]に示すラジアルタイヤのサイドウォール部分のスチールベルト／ゴムとの剥離防止および高速性能（乗り心地）の改良、高速耐久性や耐摩耗性を向上、近年では低騒音化にも効果があると言われるベルト材の上部をカバーするキャッププライを有するラジアルタイヤが製造されている[22]。低騒音化にも効果がある。現在のラジアルタイヤにはほとんどキャッププライが使われているものと推定される。キャッププライの詳細はD.オスボーンの論文に記載されている[23]。キャッププライコードには、特許情報からナイロン66やナイロン

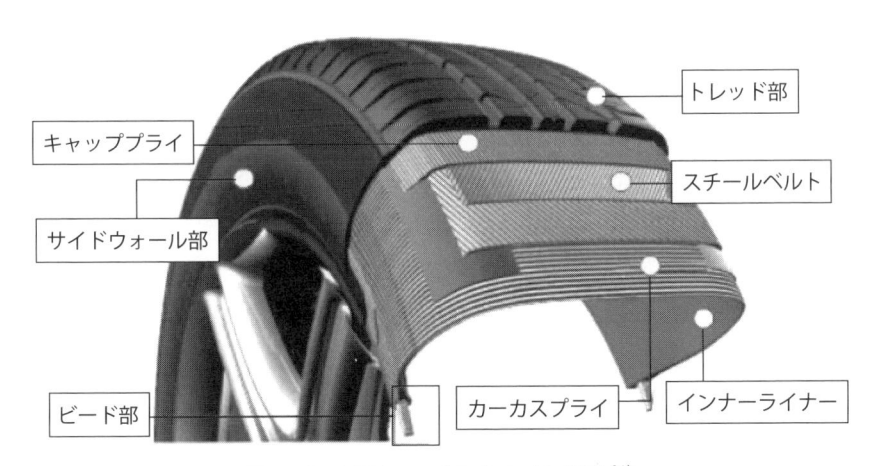

図1.12　最近のラジアルタイヤ構造[21]

66/アラミドハイブリッド繊維が使われているようである[24]。

　表1.4[9]にタイヤに使用される繊維素材を示した。多くの繊維素材が使われていることがわかる。

　また、自動車の軽量化は燃費の節約にもつながる。その一貫として、タイヤがパンクしたときの予備として搭載しているスペアタイヤを削減することが考えられている。そこで、タイヤがパンク後も一定距離を走行できるスペアタイヤ不要のランフラットタイヤの開発が進んでいる。パンク後の荷重支持方式に2種類、すなわち、タイヤサイド補強ゴムによる方法とサポートリングと呼ばれる中子による方法がある。前者の場合には、カーカスコードにレーヨンが使われている[22],[26]。ランフラットタイヤに関しては、多くの特許が出願されている[27]。

　航空機タイヤは離発着を繰り返す高重量の航空機に使用されるため、高安全性や耐摩耗性が要求される。これまでは主としてバイアスタイヤが使用されてきたが、近年では、ブリヂストンが開発したラジアルタイヤRRR（Revolutionarily Reinforced Radial）では補強繊維として、従来のナイロンから高弾性、高強力繊

表1.4　タイヤに使用される繊維素材[25]

用途	種類・部位		適合素材
乗用車	バイアス	カーカス	PET、レーヨン
	ラジアル	ベルト	スチール、レーヨン、PET、ガラス、アラミド
		カーカス	PET、レーヨン、アラミド
軽トラック	バイアス	カーカス	ナイロン
	ラジアル	ベルト	スチール
		カーカス	PET、スチール、アラミド
トラック・バス	バイアス	カーカス	ナイロン
	ラジアル	ベルト	スチール
		カーカス	PET、スチール、アラミド
超大型車（建設用車など）	バイアス	カーカス	ナイロン
航空機	バイアス	カーカス	ナイロン

維（アラミド繊維と推定）が補強繊維として使われているという[22, 28]。安全で軽量なタイヤは燃費の節約にもつながる、画期的な開発と言える。

1.4.2　伝動ベルト補強繊維（ベルト用コード）

　伝動ベルトには自動車・二輪車用、産業用、農耕用および搬送用など多くの種類がある。いずれのベルトも、動力を効率よく伝える役割を担っている。伝動ベルトには、摩擦伝動と噛み合い伝動ベルトがあり、いずれのベルトも繊維で補強されている。図1.13に伝動ベルトの種類[29]を、表1.5には伝動ベルトに使用される繊維種を示した[30]。

　図および表から、伝動ベルトの構成材料には多くの繊維が使われていることがわかる。特に、心線の繊維種はベルト形態保持と伝動効率の面から、伝動ベルトの性能を左右するために繊維種の選定はきわめて重要である。伝動ベルトは、図1.13の通り、外被布でベルト全体をカバーする。

　ラップドベルトと外被布を用いないローエッジベルトの2種類に分類され、用途によって使い分けられている。外被布を省略できれば工程合理化にもなり、また、コスト低減にも結びつく。ローエッジベルトはこの目的に適合した、外被布を省略した構造になっている。外被布が省略されているために、伝動ベルト側面に露出した補強繊維の心線が直接プーリーに接触する。したがって、ベルト心線がプーリーと摩擦する際に、心線を構成する補強繊維から単糸がホツレて飛び出さないことが重要な特性である。補強繊維である心線が走行時、心線から単糸がホツレて飛び出し、プーリーに巻き付くとベルト切断の原因ともなり、ベルトの耐久性に影響を及ぼす。

　補強繊維の単糸のホツレを防止するには、心線コードの接着剤を、接着処理時に心線コード内部まで接着剤を含浸させ、単糸1本1本に接着剤を被覆することが大事である。マトリックスゴムと繊維の接着性だけでなく、含浸性が重要な理由である。心線コードはPET繊維がメインであるが、最近はアラミド繊維や炭素繊維も適用されている。

　伝動ベルト用コードの接着処理および含浸処理技術は、章を改めて述べる。摩擦伝動ベルトのもう一つ大事な特性は、走行時に適度に収縮応力が発現すること

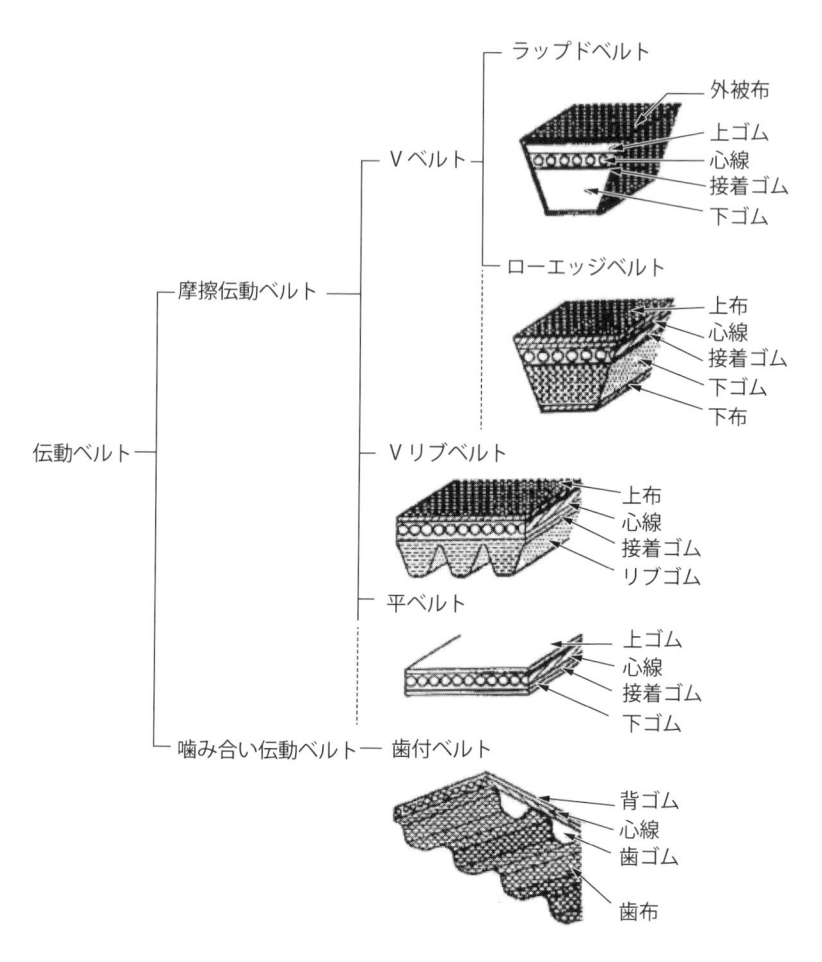

図1.13　伝動ベルトの種類[29]

である。収縮応力が不足すると、伝動効率が悪くなる。このような点からは、PET繊維が適度の収縮応力を発現するので、心線として好ましい材料である。噛み合い伝動ベルトの場合には、動力を伝えていくために、プーリー歯ときっちり噛み合うことが重要になる。補強繊維の特性としては、寸法安定性、クリープが小さいことや耐熱性が必要な特性である。これらの性能が良好なガラス繊維やパラ型アラミド繊維が使われている。オートテンショナーを装着して、自動的に張力を調整することもある。

表1.5　伝動ベルト用コードの繊維種[30)]

伝動ベルト種類	部材	適用素材
ラップドベルト	心線	PET
	外被布	綿、アラミド、PET、ナイロン
ローエッジベルト	心線	PET、アラミド
	上下布	綿、アラミド、PET、ナイロン
	短繊維	綿、ナイロン、アラミド、レーヨン、ビニロン
Vリブドベルト	心線	PET、アラミド、ガラス
	上下布	綿、PET、ナイロン
	短繊維	綿、ナイロン、アラミド
平ベルト	心線	PET
歯付ベルト	心線	ガラス、アラミド
	歯布	ナイロン

1.4.3　搬送（コンベア）ベルト補強繊維

　伝動ベルト以外にも搬送（コンベア）ベルトがある。この用途も繊維補強ゴム複合材料の代表的な用途の一つである。伝動ベルトが動力を伝達するのに対して、搬送ベルトは、鉱石、石炭、土木・建築関連部材や食品など運搬が必要な多くの用途に使われている。搬送ベルトには多くの形態があるが、主に織布（帆布）によりマトリックスゴムを補強する。補強繊維としては、綿、ナイロン、ビニロン、PET、アラミド繊維などがある。

　スチール繊維の場合には撚線コードが使われる。樹脂コンベアベルトにはガラス繊維が使われることもある。マトリックスゴムとの接着が必要であり、これらの織物も接着処理される。スチール繊維はタイヤコードの場合と同様にメッキ処理されており、ゴムとの接着性を発現させる。要求性能に基づいて多くのゴムがマトリックスとして使われる。

　ゴム以外に樹脂（たとえば、ウレタンやポリ塩化ビニル）が使われることもある。搬送ベルトの設計は、ユーザーの要求（たとえば、強力）に合わせてベルト

表1.6 コンベア拡張体（補強繊維）の一例[31]

素材		呼称例	構成例
経糸	緯糸		
ナイロン	ナイロン	NN-100	840de/1×840de/1 80×35（本/in）
ビニロン	ナイロン	VN-100	1200de/1×840de/1 70×27（本/in）
ポリエステル	ナイロン	EN-100	1500de/1×840de/1 62×37（本/in）
スチール		ST-1000	コード径、4mmピッチ

注）NN-100の意味：経糸ナイロン、緯糸ナイロン、ベルト強力100kg
　　補強織物：平織が中心（綾織もある）
　　スチールの場合には、500kg/cm以上の抗張力ベルトも使われる

ゴム帆布ベルト　　　　　　　　ゴムスチールベルト

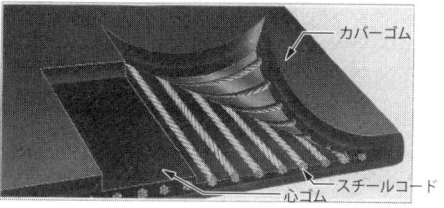

1. 標準構造

2. レスプライ構造

①上面カバーゴム
②下面カバーゴム
③抗張体（心体）
④中間ゴム層
⑤スチールコード

3. スチール

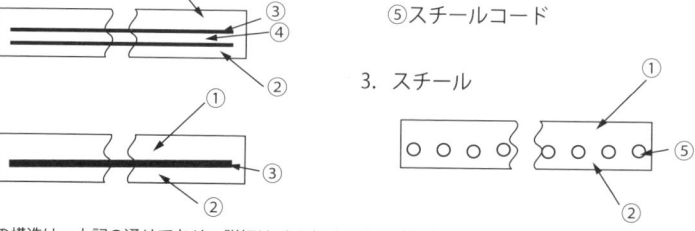

注）基本の構造は、上記の通りであり、詳細はベルトメーカーが設計し、決定し、製造している。

図1.14　搬送ベルトの構造の一例[32]

メーカーがマトリックスゴムや補強繊維の種類、撚数、コード構成本数、強力など、必要性能を設定、織物設計を行う。高強度を有する繊維であれば、設計強度に対して軽量化できる。

補強織布の仕様の一例を**表1.6**に示す[31]。織布は搬送ベルト仕様によって設計される。

また、マトリックスゴムは搬送ベルトの表面に要求される性能によって決められる。**図1.14**に一例を示す[32]。

1.4.4 ゴムホース用補強繊維

ゴムホースは使用圧力により低圧（20kg/cm^{2}以下）、中圧（20〜70kg/cm^2）および高圧（70kg/cm^{2}以上）ホースの3種類に分けられる。ゴムホースは流体（ガス、液体、粉粒体など）を移送する機能部品として、自動車部品や産業用途など、多くの用途に使われている。特に、自動車部品には多くの種類のゴムホースが使用されている。ゴムホースの構造を**図1.15**に示した[33]。

ゴムホースとしては、補強繊維の形態で説明したように、ブレード（編組）ゴムホース、スパイラルゴムホースや布巻式ゴムホースなどがある。

低圧や中圧ホースの補強繊維は、レーヨン、ビニロンや、PETやアラミド繊維などが使われ、高圧ホースでは、スチールファイバーが使われている。また、マトリックスゴムには、使用環境によって耐熱性、耐油性、耐光性、耐候性や耐薬品性など機能を有する多種類のゴム（特殊ゴム）が使い分けられている。**図1.16**に自動車用ゴムホースの装着位置を示した[34]。**表1.7**に各種自動車用ゴムホースに使用される補強繊維種とマトリックスゴム種を示した[34]。多くの補強繊維やゴムが使われていることがわかる。ゴムホースが機能を発揮するには、特殊ゴムの特性と補強繊維の性能が大事である。

ゴムホースでは特に補強繊維の寸法安定性が重要であり、撚数の低いS撚りが使われているようである。さらに、補強繊維とマトリックスゴムの接着性がきわめて重要であるが、特殊ゴムが使用されることが多いので高接着性を得ることが難しく、接着技術の開発は大きな課題である。マトリックスゴムとの親和性を向上させるために、マトリックスゴムを溶剤に溶解したオーバーコート剤や市販の

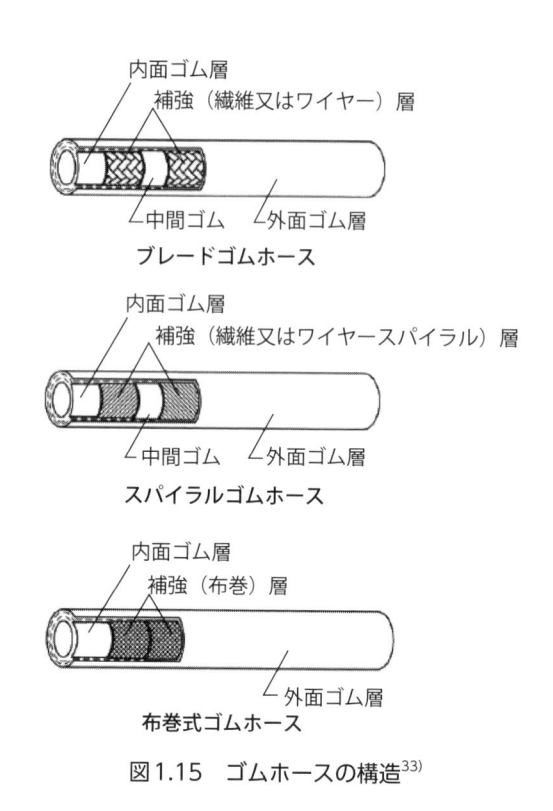

内面ゴム層
補強（繊維又はワイヤー）層
中間ゴム　外面ゴム層
ブレードゴムホース

内面ゴム層
補強（繊維又はワイヤースパイラル）層
中間ゴム　外面ゴム層
スパイラルゴムホース

内面ゴム層
補強（布巻）層
外面ゴム層
布巻式ゴムホース

図1.15　ゴムホースの構造[33]

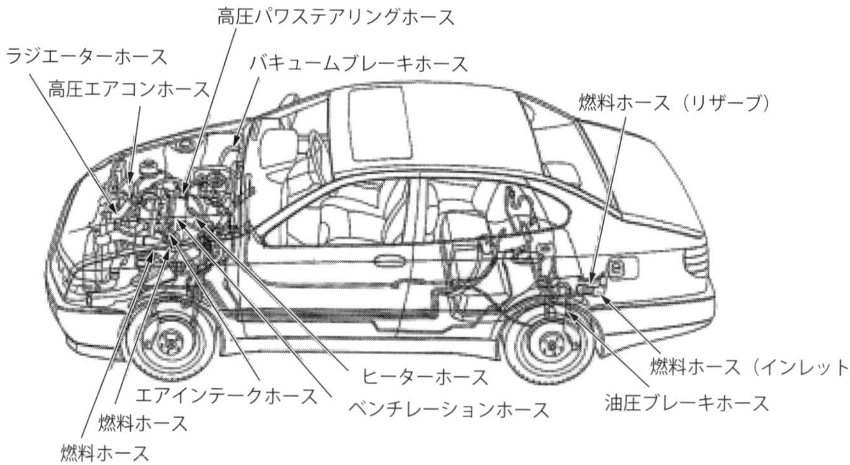

高圧パワステアリングホース
ラジエーターホース
バキュームブレーキホース
高圧エアコンホース
燃料ホース（リザーブ）
燃料ホース（インレット）
ヒーターホース
油圧ブレーキホース
エアインテークホース
ベンチレーションホース
燃料ホース
燃料ホース

図1.16　自動車用ゴムホース[34]

表1.7　ホース用コードの繊維種[34]

ホース名称	流体	内層	補強層	外層
油圧ブレーキホース	ブレーキ液	SBR CR	レーヨン アラミド	EPDM CR EPDM/CR
バキュームブレーキホース	エアー	NBR ACM	ポリエステル	CR ACM
ラジエータホース	冷却水	EPDM	レーヨン ポリエステル	EPDM
ヒーターホース	冷却水	EPDM	レーヨン ポリエステル	EPDM
燃料ホース	ガソリン、 ディーゼル	NBR/PVC FKM FKM/ECO FKM/CSM NBR	ポリエステル ビニロン	NBR/PVC FKM FKM/ECO FKM/CSM CR
パワーステアリングホース	パワーステアリング オイル	NBR H-NBR CSM	ナイロン ワイヤー	CR CSM EPDM
エアコンホース	フロンガス コンプレッサー潤滑油	IIR CR NBR	ポリエステル アラミド	EPDM
ターボホース	エアー	ACM, AEM FKM	ポリエステル アラミド	ACM, AEM FKM
エンジンオイルクーラー ホース ATFクーラーホース CVTFクーラーホース	エンジンオイル ATF CVTF	ACM AEM	ポリエステル	ACM AEM

溶剤系接着剤も使われている。ホースメーカーは工夫をしながら繊維とゴムの接着性を得ていると推定される。接着技術には工夫がいる。環境に与える影響から、オーバーコート剤の省略接着技術や水系接着剤の開発が期待されている。

1.5 まとめ

　本章では、年度別のゴム補強繊維消費量推移、ゴム補強用繊維の変遷、ゴム補強繊維の概要、補強形態や主たる用途について説明した。ゴム補強繊維は、麻、綿などの天然繊維から始まり、その後、再生繊維であるレーヨン繊維が開発された。次いで強度、弾性率に優れた力学的特性を有する合成繊維のナイロン、ビニロン、PET繊維などが開発され、ゴム補強繊維として順次使われるようになってきた。さらには、アラミド繊維、炭素繊維、ガラス繊維などの高性能繊維、無機繊維や金属繊維が開発された。ガラス繊維は、一時はバイヤスベルテッドタイヤの補強繊維として期待されたが、結局メインの補強繊維にはなりえず、現在では、伝動ベルト用、特に歯付ベルト用補強繊維として適用され続けている。それぞれの用途に最適な補強繊維が使い分けられている。

　本書で詳細な説明は省略したが、補強繊維の開発と同様に、マトリックスゴムも天然ゴム（NR）からスチレン・ブタジエンゴム（SBR）、ブタジエンゴム（BR）やイソプレンゴム（IR）などの汎用ゴム、クロロプレンゴム（CR）、ニトリルゴム（NBR）、エチレン・プロピレンゴム（EPDM）、クロロスルフォン化ポリエチレンゴム（CSM）などの機能を有する多くの特殊ゴムが開発され、これらの開発と相まって、ゴムと繊維の複合材料は著しい発展を遂げている。しかし、高機能性ゴムは非ジエン系ゴムが多く、化学構造的にも表面が不活性でもあるため、補強繊維との接着を難しくしている。

　ゴム補強繊維は、ゴムを補強するための最適な形態、たとえば、短繊維（カットファイバー）、撚コード、スダレ織物、織布などに加工される。後に述べるように接着処理され、各種ゴムと複合化され、各種用途に展開される。これらのゴムに対する補強繊維の接着処理はますます難しくなっているが、接着技術の開発はさらに重要になってくる。なお、ゴム／繊維複合材料のそれぞれの用途は、複合材料の製造メーカーが詳しい商品内容をホームページに詳細に記載している。

さらに理解を深めるために、参照されることをお勧めする。ゴム補強繊維の接着技術については、後の章で詳細に述べる。

【引用文献】

1) S.K. Clark, Editor；「Mechanics of Pneumatic Tires」, National Bureau of Standards Monograph 122, p220 (1971)

2) ブリヂストン編：「自動車用タイヤの基礎と実際」, 東京電機大学出版局, p-292 (2008)

3) 日本自動車タイヤ協会 (JATMA) HP；統計データ, http://www.jatma.or.jp/toukei/

4) ブリヂストン編：「自動車用タイヤの基礎と実際」, 東京電機大学出版局, p300-301 (2008)

5) ヒョンスング　コーポレーション；特開2005-23508

6) 伊藤邦雄編；「シリコンハンドブック」, 日刊工業新聞社, p6 (1990)

7) Peter Morgan；「CARBON FIBERS and their Composite」, Taylor & Francis, p352-355 (2005)

8) 川崎清人；繊維機械学会誌, **56**(8), p333～338 (2003)

9) 高田忠彦；「繊維／ゴム・樹脂との接着技術の現状と今後の動向」講義資料, p8 (R & D Support Center 2015年11月12日大阪開催)

10) たとえば、東レHP；技術資料 "トレカミルドファイバー" http://www.torayca.com/download/pdf/mildfiber.pdf

11) 浅田幸雄, 高田忠彦；繊維学会予稿集1995(G), G-190 (1995)

12) たとえば、野口　徹, 芦田道夫, 真下智司；日本ゴム協会誌, 56 (12) p768～775 (1983)

13) L.A.Goettler, K.S.Shen；Rubber Chem & Tech., 56, p619～638 (1983)

14) 綾羽工業HP；https://industry.ayaha.co.jp/products/product01.php

15) 服部六郎；「タイヤのお話」, 大成社, p10 (1986)

16) 綾羽工業HP；https://industry.ayaha.co.jp/pro_tec/index.php

17) 堀直嗣；「タイヤの科学」, 講談社, p24-27 (1992)

18) 服部六郎；「タイヤのお話」, 大成社, p6 (1986)

19) 一般社団法人日本自動車協会 (JATMA) HP；https://www.jatma.or.jp/docs/publications/tyre-no-ohanashi_pc.pdf

20) 堀直嗣；「タイヤの科学」, 講談社, p50 (1992)

21) たとえば、港北自動車；HPhttps://www.nagoya-kouhoku.com/sub1_158.html

22) 稲田則夫；繊維学会誌, 64 (NO9), p283-286 (2008)

23) David Osborne；http://fbtrial.com/wp-content/uploads/2015/11/Role-of-Cap-Plies.osborne.pdf

24) ハンコックタイヤカンパニーリミティッド；特開2013-023806, 特開2016-079548, 特開2017-133144

25) 高木康夫, 多田晋作；日本ゴム協会誌, **54**(2), p118～127（1981）

26) ブリヂストン編；「自動車用タイヤの基礎と実際」, 東京電機大学出版局, p335-341（2008）

27) たとえば, ブリヂストン：特開2001-277824, 住友ゴム；特開2002-211216

28) ブリヂストン；https://www.bridgestone.com/products/speciality_tires/aircraft/products/index.html

29) ゴム技術フォーラム編；「フォーラム6　ゴム加工の未来展開をさぐる－21世紀に向けて－」, ポステイコーポレーション, p39（1995）

30) ゴム技術フォーラム編；「フォーラム6　ゴム加工の未来展開をさぐる－21世紀に向けて－」, ポステイコーポレーション, p79（1995）

31) 日本繊維機械学会編；繊維工学（Ⅵ）, p31（1981）

32) 日本繊維機械学会編；繊維工学（Ⅵ）, p30（1981）

33) 牧田雄司；日本ゴム協会誌, **80**(12), p448～451（2007）

34) 角田克彦；日本ゴム協会誌, **80**(10), p375～379（2007）

第 **2** 章

繊維とゴムの接着基礎

ゴム、樹脂などの被着体（マトリックス）と補強繊維で構成される複合材料の性能を効果的に発揮させるためには、被着体と補強繊維の接着性が良好であることがきわめて重要である。

　一般的に被着体と補強繊維との接着性は、両者に親和性を有する接着剤を介在させることによって達成される。通常、接着剤は液体の状態で、被着体であるゴムや樹脂、もしくは補強繊維に塗布する。その後、乾燥、固化（もしくは硬化）させることによって接着性を発現させる。接着性の良否は固化後の接着剤の強さ（凝集力）と、補強繊維および被着体と接着剤との相互作用（界面接着力）に関連する。すなわち、接着力の発現は、被着体および接着剤の凝集力と、被着体と接着剤の界面接着力のバランスにより決定される。

　ただし、注意しなければならないのは、接着力は破壊後の力（いわゆる破壊力）で示され、真の接着力ではないことである。破壊方法や破壊条件、すなわち評価条件によって接着力が変化するため、真の接着力を知ることができない。中尾は接着剤の弾性率や被着体に対する接着剤付着率と接着力（剥離強度およびせん断強度）の関係について研究し、剥離強度やせん断強度の挙動は異なることを明らかにしている[1]。接着力は破壊力で評価していることを忘れてはならない。そのため、接着力評価条件は十分に留意する必要がある。

　本章では、接着の基礎理論について述べる。接着理論に関しては多くの成書がある[2~7]ので、詳細はそれらも参照されたい。

2.1　接着剤の要件

補強繊維と被着体（ゴムもしくは樹脂）を接着させる接着剤の要件は

ⅰ．被着体に対する接着剤の濡れ性が良好であること
ⅱ．被着体と接着剤の化学構造が類似していること

があげられる。

　ⅰの濡れ性の良否は被着体の表面性質に依存するが、被着体を接着させる接着剤は液体または低粘度のペーストでなければならない。接着剤を液体やペースト状態にするには、①液体状態の接着剤を選ぶこと、②固体の接着剤を溶媒（たとえば、水、トルエンやキシレンなどの有機溶媒）に溶解すること、③常温では固体の接着剤を、加温により液体化もしくはペースト化することが必要である。接着剤を液体化もしくはペースト化することで、補強繊維および被着体が濡れやすくなる。すなわち、接着剤は被着体に濡れやすいことが第一の要件である。

　もう一つの要件は、ⅱの接着剤と被着体の化学構造が類似していることである。類似の化学構造を有する物質は相互に親和性を有することも、接着剤としての要件の一つとなる。以下、ⅰおよびⅱに関してさらに詳細に述べる。

2.2 濡れ性

　接着剤の被着体に対する濡れ性の良否は、**図2.1**に示すように液状の接着剤を一滴、被着体の表面に滴下することで判定できる。

　濡れ性が悪いと、被着体に対して図2.1の左側に示すように液滴になるし、濡れ性が良好であると、右側に示すように、接着剤は濡れ広がっていく。濡れ性は被着体表面に滴下した接着剤が形成する液滴の接線と被着体とが成す角度を測定することで評価できる。この角度を接触角（θ：濡れ角度）という。最近は、接

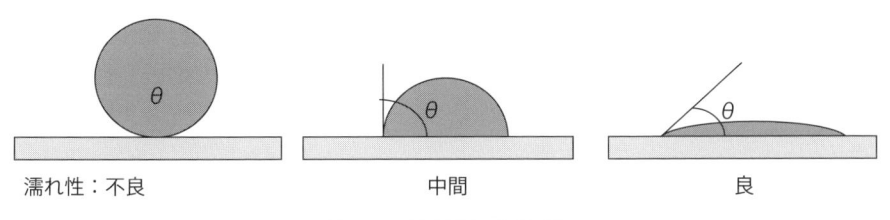

| 濡れ性：不良 | 中間 | 良 |

図2.1　接着剤の濡れ性

触角を容易に測定できる接触角測定器が市販されている[8]。

　接触角（θ）の大小は接着剤と被着体の性質によって左右される。図2.1の左側の図のように、接着剤と被着体の相互作用（親和性）がまったく無いと、接着剤は被着体に濡れず、液滴は球形になり、接触角（θ）は180度を示す。一方、接着剤と被着体が完全に濡れると、相互作用のため、θは0度となる。多くの場合、接着剤と被着体との間の接触角（θ）は、0〜180度の間の値を示しバランスする（つまり釣り合っている）。

　このことを、**図2.2**で理論的に説明する。A点は被着体が引っ張ろうとする力（γ_S）が接着剤と固体との間に働く力（γ_{SL}）と接着剤の有する力（γ_L）の分力（すなわち図のAB）を合わせた力とバランスしている。式2.1で示される。

$$\gamma_S = \gamma_{SL} + \gamma_L \cos\theta \quad \cdots\cdots 2.1$$

　この式をヤング（Young）の式という。γ_S、γ_Lはそれぞれ被着体および接着剤（液体）の表面張力であり、γ_{SL}は被着体と接着剤の界面張力を表す。

　表面張力は被着体もしくは接着剤が空気との界面で働く力をいう。液体の表面は分子ができるだけ表面積を小さくするように働く。界面張力は、固体と液体との間に働く力であり、一般的には、後述のファン・デル・ワールス力（もしくは水素結合）が基になる。接着剤のもっとも重要な要件は濡れ性であると述べた。すなわち、接触角θが完全な濡れ性を示す0度になれば、良好な接着を得るための一つの条件をクリアすることになる。

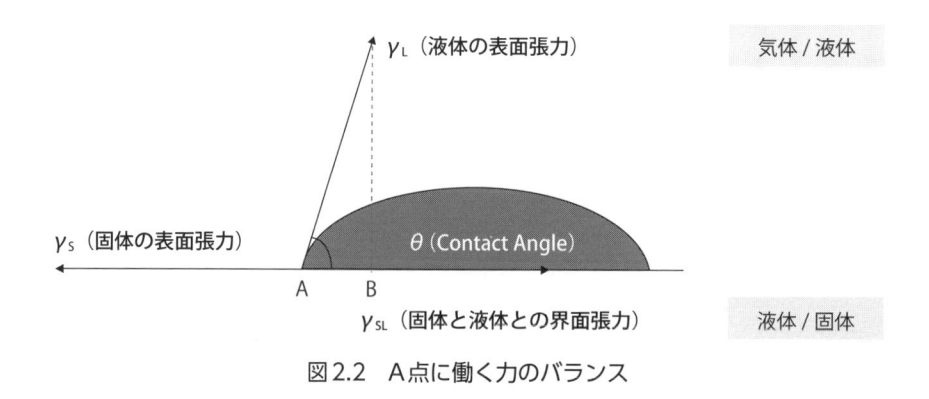

図2.2　A点に働く力のバランス

2.2.1 Zismanの臨界表面張力に関する実験

Zismanの臨界表面張力を決定した有名な実験がある。彼は非常に接着しにくいテフロン（ポリテトラフルオロエチレン）を濡らす液体（溶剤）を探索するために、表面張力がわかっている種々のパラフィン系化合物（ノルマル－アルカン類）でテフロンを濡らしてみた。その結果、**図2.3**に示すように表面張力と$\cos\theta$との間では直線関係が成立することを見出した[9]。

図から明らかなように、完全な濡れ性を示す表面張力は$\cos\theta = 1$（すなわち$\theta = 0$度）である18.3ダイン/cmであることわかった。これは、表面張力が18.3ダイン/cm以下の液体であれば、テフロンに対して完全に濡れることを示している。この値をテフロンの臨界（限界）表面張力（γ_C：critical surface tension）という。

2.2.2 補強繊維の表面張力

Zismanの実験結果から、接着剤の表面張力が補強繊維のそれよりも小さけれ

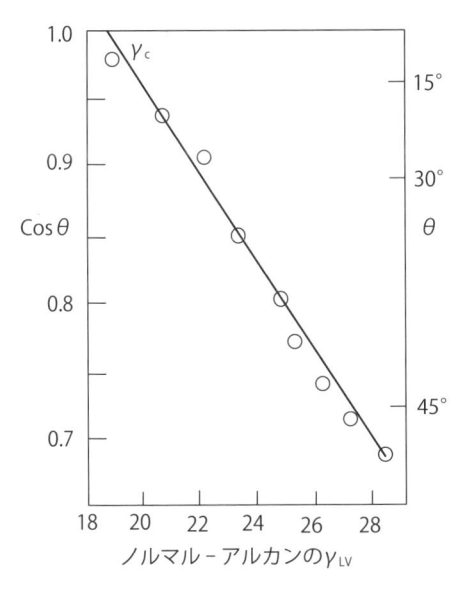

図2.3 ノルマル－アルカンの表面張力とテフロンの接触角[9]

ば、補強繊維表面を完全に濡らすことができると明らかになった。したがって、補強繊維の表面張力よりも小さな溶剤を選択することが濡れるための要件となる。液体や固体の臨界表面張力を知ることは、接着剤の開発に役立つことを示している。

表2.1はゴム補強繊維の臨界表面張力の一例を示したものである[10]。これら繊維の臨界表面張力はいずれも水の表面張力73ダイン/cmよりも小さい。したがって、水を溶剤とする水系接着剤は補強繊維に対して濡れ性が悪いことになる。しかし一般的に、補強繊維用接着剤は水系が用いられている。したがって、水系接着剤を使用する場合には、補強繊維に対する濡れ性を向上させる工夫が必要となる。

本書においては油剤について言及していないが、紡糸や延伸など繊維製造時には必ず油剤が付与される。製糸時の油剤は、①摩擦を低減し潤滑性を高めること、②静電気による糸同士の接触を防ぐ帯電防止、③糸のバラケを防ぎ集束性を付与することを大きな目的としている。通常、油剤は平滑剤、帯電防止剤や界面活性剤で構成されるが、撚糸工程、接着処理工程など、後工程を阻害しないことが望まれる。製糸油剤は繊維の表面に均一に付着し、そのまま上記の後工程を経て水系接着剤が処理される。水系接着剤が油剤表面付着繊維に均一に付着するには、水系接着剤の表面張力を低下させなければならない。また、油剤組成自体も接着を阻害させないことが必要である。ゴム補強用原糸の油剤組成は、このようなことも加味して組み立てられている。

表2.1　ゴム補強繊維の臨界表面張力[10]

繊維	γ_C (dyne/cm)
PET	43（10.7）
NY66	46（13.6）
セルロース	46（15.6）
水	73（23.4）
エポキシ樹脂	50（10.9）

注）（ ）内溶解度指数δ

2.2.3　補強繊維の表面張力

　表2.2は液体の表面張力（γ_{LV}）の一例を示した[11]。表に示すトルエン、キシレンなどの液体（溶剤）の臨界表面張力は表2.1の各種補強繊維よりも低い。これらの溶剤に溶解した接着剤の濡れ性はきわめて良好である。たとえば、伝動ベルト用処理コードがトルエンを溶剤とする接着剤によって処理されるが、表2.1の補強用繊維の表面張力と表2.2の各種液体の表面処理の値を比較すると、溶剤系接着剤が補強繊維コードに十分に含浸し、単糸を十分被覆することがよく理解できる。望ましい接着剤と言える。

　なお、表2.1の（　　）内に示した数値は、溶解度指数δを表している。詳細は後述する。

表2.2　液体の表面張力γ_{LV}　（@20℃ ダイン/cm）[11]

液体	γ_{LV}	液体	γ_{LV}
アセトフェノン	39	クレゾール	39〜40
アセトン	23	クロロフォルム	27
アニソール	35	酢酸	28
安息香酸メチル	38	酢酸エチルエステル	24
イソペンタン	15	ジエチルエーテル	17
イソ酪酸	25	1,4-ジオキサン	34
ウンデカン	24	シクロヘキサン	25
エタノール	22	DMSO	44
エチルアミン	18	トルエン	29
エチルベンゼン	29	フェノール	41
エチルメチルケトン	25	ブタノール	24〜27
各種オクタノール	25〜27	1-ヘキセン	18
オクタン	22	ベンゼン	29
ギ酸	38	メタノール	23
ギ酸エチルエステル	23	メチルアミン	19
m-キシレン	28	ベンツアルデヒド	40

2.2.4　溶解度指数

　接着性良否の第一要件は濡れやすさであるが、接着剤と繊維の性質が類似している
ことも一つの条件になる。たとえば、類似の化学構造を有する物質が相互に
溶け合うのは、経験的に知られている。溶解度指数（SP値：Solubility
parameter、δ）はこの考え方を表している。

　SP値は、Hildebrandにより導入された考え方であり、①蒸発エネルギー法
②物理恒数によるHildebrand法　③分子構造から推定する方法の三つが提案さ
れている[12~13]。

　SP値は、①の凝集エネルギー密度（Cohesive Energy Density：CED）の平方
根で表される。式2.2のようになる。

$$(SP)^2 = \delta^2 = CED = \varDelta E/V = (H-RT)/V = d/M(\varDelta H-RT) \quad \cdots\cdots 2.2$$

$\varDelta$E＝蒸発エネルギー（cal/mole）、V＝モル容積（cc/mole）、$\varDelta$H＝蒸発潜熱
（cal/mole）、R＝ガス恒数（1,987cal/mole°K）、d＝密度（g/cc）、M＝グラム分
子量（g/mole）、T＝絶対温度（°K）

　また、③の分子構造から推定する方法では、Smallが提案している分子引力恒
数を用いて、以下の式2.3で求められる。

$$SP = d\Sigma G/M \quad \cdots\cdots 2.3$$

ΣG＝分子中の原子と原子団についての総和、d＝密度、M＝分子量

　③の方法はすべてのポリマーに適用されるわけではないが、参考になると思わ
れる。多くの高分子のSP値はすでに知られている。

　繊維は高分子化合物から製造される。代表的なゴム補強繊維のSP値は表2.1
（　）内に示した。これは、ゴム補強繊維と類似のSP値を有する高分子（接着剤）
を選択すれば、互いによく溶け合うということを示している。これらのSP値を
知ることは、接着剤の開発に役立つ。

　この概念をもとにPETフィルムの接着剤を探索したデュポンのY.Iyengarら
の有名な研究例がある。**図2.4**に示したように、16種の種々のSP値の異なる接

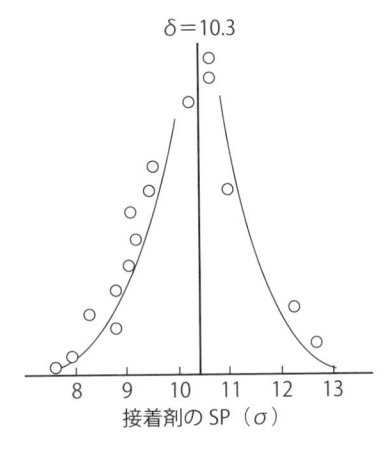

$\delta = 10.3$

接着剤のSP（σ）

図2.4　PET/PET接着力と接着剤のSP値[14]

着剤を適用した結果、PETフィルムのSP値に近い接着剤を使用して貼り合わせた方が高い接着力を示したことが報告されている[14]。デュポンのPETタイヤコードの接着剤（D417）はこの考え方を基づいて開発されたと推察される[14]。詳細は第4章で説明する。

2.3　接着仕事[15〜16]

　接着剤が被着体に濡れることが、接着の第一歩であることはすでに述べた。濡れるというのは、接着剤と被着体とが相互作用（すなわち、相互に引き合う力）をもつことである。接着剤が被着体上で固化して発現する接着力の測定は容易ではないが、理論的には固化した接着剤と被着体の表面張力が分かれば接着力を知ることができる。しかし現実には、この値を得ることは容易ではない。

　たとえば、**図2.5**に示すように、接着剤（A）が被着体（B）と接着している状況から引き離す力（Wa：接着仕事）は表面自由エネルギー（すなわち、相互

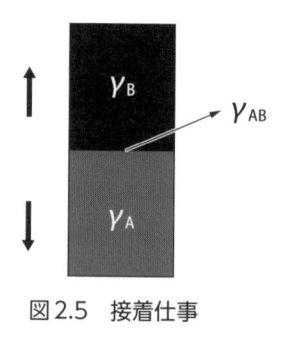

図2.5　接着仕事

の表面張力）を用いて表すと、式2.4になる。式2.4は研究者Dupreの提案によるものである。この式をDupreの式という。

$$Wa = \gamma_A + \gamma_B - \gamma_{AB} \quad \cdots\cdots 2.4$$

　接着仕事は、AおよびBを引き離すエネルギーであり、言葉を替えれば、それぞれの界面でくっついている力を示し、接着力を表しているといえる。

　ここでγ_Aをγ_L、γ_Bをγ_S、γ_{AB}をγ_{LS}で表すと式2.5のようになる。

$$Wa = \gamma_L + \gamma_S - \gamma_{LS} \quad \cdots\cdots 2.5$$

Youngの式を用いて、式2.5を変性すると、式2.6で表せる。

$$Wa = \gamma_L + \gamma_S - (\gamma_S - \gamma_L\cos\theta)$$
$$Wa = \gamma_L(1 + \cos\theta) \quad \cdots\cdots 2.6$$

　式2.6をYoung-Dupreの式という。大きな接着仕事Waを得るには、濡れ性が良好、すなわち接触角が小さくなる必要がある。接触角$\theta = 0$度のとき、もっとも大きな接着仕事を示す。式2.6は、接着剤の表面張力と接触角を測定すれば、接着仕事がわかることを示している。

　この式が成立するのは接着剤自体が液体であることが条件である。しかし、ゴム補強繊維接着剤は、接着剤成分を溶媒（水や有機溶剤）に溶解する場合が多く、直接この式が成立しないので注意が必要である。濡れ性が良い接着剤は、溶剤によって接着剤成分が均一に付着、ち密に配列していると考えるべきであろ

う。接着剤成分と被着体との相互作用の有無が、実際の接着剤に関連することになる。

2.4　界面自由エネルギー

　接着仕事は、Dupreの式から被着体、接着剤の表面自由エネルギーと両者の界面自由エネルギーが明らかになれば計算できる。接着剤は接着剤成分を溶剤に溶解して乾燥させ、接着剤成分を固化（硬化）させて被着体と接着する。この場合の接着仕事は、Young-Dupreの式によれば接着剤の表面張力と濡れ角度から計算できるが、固化（硬化）後の接着仕事は、被着体と接着剤成分の界面自由エネルギーを知る必要がある。界面自由エネルギーは接着界面張力と置き換えられる。

　Berthelotは、2つの物質の間に作用する相互作用エネルギーは両者の幾何平均になると考えた。この考え方を導入すると、界面自由エネルギー（γ_{12}）は以下の式2.7になる。

$$\gamma_{12} = \gamma_1 + \gamma_2 - 2\sqrt{\gamma_1\gamma_2} \quad \cdots\cdots 2.7$$

　しかし、式2.7は成立しないという結果を見出したGood-Girifalcoは、補正項を導入した式を提案した。この式も、やはり実測値とあまり合致しなかった。次いで、Fowkesはさらに新しい考え方を導入し、Fowkesの式を提案した。この式は、物質の表面自由エネルギー（γ）が分散力（d）とその他の成分（x）の和になるという考えに基づいている。すなわち、二つの物質の表面張力、γ_1およびγ_2はそれぞれ以下の式2.8、2.9のように表される。

$$\gamma_1 = \gamma_1{}^d + \gamma_1{}^x \quad \cdots\cdots 2.8$$
$$\gamma_2 = \gamma_2{}^d + \gamma_2{}^x \quad \cdots\cdots 2.9$$

物質1は2成分をもち、物質2は炭化水素のような分散力だけしか持たない場合の界面自由エネルギーは以下の式2.10の通りである。

$$\gamma_{12} = \gamma_1 + \gamma_2 - 2\sqrt{\gamma_1^{\,d}\gamma_2^{\,d}} \quad \cdots\cdots 2.10$$

その後、畑、北畠は両物質にさらに極性および水素結合の考え方を組み入れた。式2.7は変性され、拡張のFowkesの式を提案した[17]。

すなわち、物質の表面張力を分散力（γ^{d}）に加えて、極性力（γ^{p}）および水素結合（γ^{h}）を加えて、$\gamma = \gamma^{d} + \gamma^{p} + \gamma^{h}$と表した。その結果、界面自由エネルギーは以下の式2.11で表され、さらにこの式を変性すると式2.12となる。

$$\gamma_{12} = \gamma_1 + \gamma_2 - 2\sqrt{\gamma_1^{\,d}\gamma_2^{\,d}} - 2\sqrt{\gamma_1^{\,p}\gamma_2^{\,p}} - 2\sqrt{\gamma_1^{\,b}\gamma_2^{\,b}} \quad \cdots\cdots 2.11$$

$$\gamma_{12} = (\sqrt{\gamma_1^{\,d}} - \sqrt{\gamma_2^{\,d}})^2 + (\sqrt{\gamma_1^{\,p}} - \sqrt{\gamma_2^{\,p}})^2 + (\sqrt{\gamma_1^{\,h}} - \sqrt{\gamma_2^{\,h}})^2 \quad \cdots\cdots 2.12$$

界面自由エネルギー（γ_{12}）をできるだけ小さくする条件は、物質1および2の表面張力の各成分の値が、類似の値を持つことである。すなわち、「似た者同士はよくくっつく」ということになる。前述の溶解度指数（SP値、δ）にも通じる考え方である。

2.5 固体の表面張力

接着仕事は、接着剤（L）および被着体（S）とすれば、接着仕事（Wa）は、式2.11から式2.13となる。

$$\mathrm{Wa} = \gamma_{\mathrm{L}}(1 + \cos\theta)^2 = 2\sqrt{\gamma_{\mathrm{S}}^{\,d}\,\gamma_{\mathrm{L}}^{\,d}} + 2\sqrt{\gamma_{\mathrm{S}}^{\,p}\,\gamma_{\mathrm{L}}^{\,p}} + 2\sqrt{\gamma_{\mathrm{S}}^{\,h}\,\gamma_{\mathrm{L}}^{\,h}} \quad \cdots\cdots 2.13$$

既存の液体の分散力、極性力および水素結合による表面自由エネルギーがわかれば、固体（被着体）の表面自由エネルギーは式2.13を用いることで容易に求められる。

　たとえば、被着体の繊維の既知の溶媒に対する接触角を測定することで、表面自由エネルギーを計算できる。筆者らも拡張のFowkesの式によるPET繊維、フィルムの改質効果を解析したことがある[18~19]。接着剤の開発にも役立つ知見が得られる。

　しかし、拡張のFowkesの式は、実験結果から外れることも多いと言われている。その原因として、畑は「接着剤や被着体の変形（特に塑性変形）による外部エネルギーの散逸」をあげている。塑性変形を起こさない完全弾性体では、物理化学的に求めた接着仕事が実際の破壊エネルギーとよく一致すると紹介している[20]。

2.6 接着力発現のメカニズム

　繊維と被着体（ゴム、樹脂）の間に介在する接着剤が接着力を発現するには、以下の2つの要件が必要である。

---

①　接着剤が固化（硬化）後の凝集力（接着剤の強さ）が高いこと
②　接着剤と被着体（繊維、ゴム）との界面接着力が強いこと

---

　①の凝集力を高めるには、接着剤の分子量が大きく、高密度で固化（硬化）しているとよい。接着剤が3次元化、すなわち、架橋していることも凝集力を高める働きがある。②の界面接着力については、これまで濡れ性の観点から述べてきた。大切なのはまず、接着剤が被着体を均一に濡らすことであるが、固化（硬化）後は、接着剤と被着体が相互作用していることである。これについては、多くの研究者が古くから接着理論を提案している。

　ここでは4つの接着理論を紹介する[21]。

ⅰ）機械結合論（Anchor Theory）

　この理論では、液体の接着剤が被着体の凹凸に入り込んで固化（硬化）し、界面接着力を発現する。投錨（anchor）効果やファスナー効果によって接着力を発現するというものである。もちろん、接着剤が被着体の凹凸部に入り込み弾性的な締め付け効果が加わることもあるだろう。接着力発現には、この効果も無視できないと考える。

ⅱ）自着理論（Self-adhesion Theory）

　この理論はボユツキーによって提案された理論である。たとえば、ポリイソブチレンとポリイソブチレンを重ね合わせ、温度、圧力、時間をかけると接着するというものである。被着体同士が同一構造であるので、同一SP値を有するため、内部に相互拡散し、接着力を発揮する。

ⅲ）化学結合論（Chemical Bond Theory）

　この理論は、接着剤と被着体が化学結合（一次結合）によって、接着力を発現するというものである。もし、化学結合で接着力を発現するのであれば、接着力としてはきわめて大きな力を発揮するはずであるが、実際の接着力は低く、接着処理条件下では、化学結合の起こる可能性はきわめて低いと考えられている。一部化学結合しているという説もある。

ⅳ）分子間力論（Intermolecular Theory）

　現在、もっとも受け入れられている接着力発現のメカニズムである。接着剤と被着体界面が相互作用し接着力を発現すると考える理論であり、接着剤分子と被着体分子との相互作用は分子間力（二次結合）であると考える。具体的には、水素結合力とファン・デル・ワールス力（Van der Waals force）による分子間力である。

　分子間力とは、分子と分子の間に働く電気的な引力をさす。水素結合力は、たとえば、接着剤と被着体分子中に有する-OH（水酸基）や-COOH（カルボキシ基）の酸素と水素の電子密度の偏りによって生じる力である。**図2.6**に水素結合

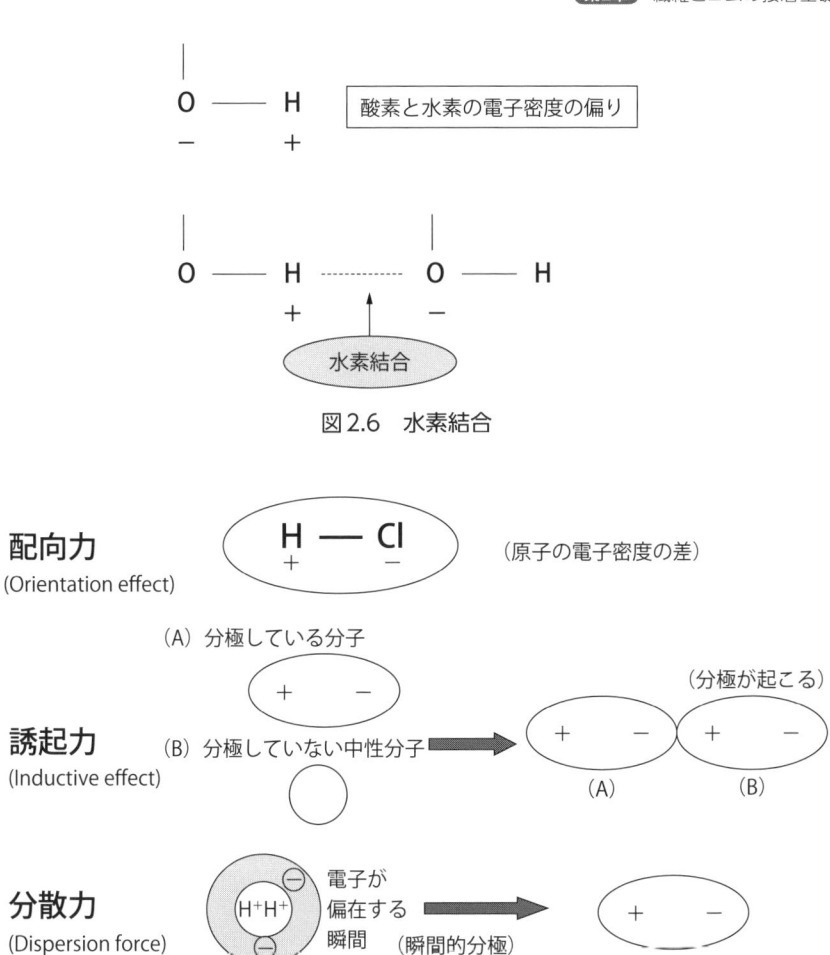

図2.6　水素結合

・**配向力**
(Orientation effect)

（原子の電子密度の差）

（A）分極している分子

・**誘起力**
(Inductive effect)

（B）分極していない中性分子

（分極が起こる）

（A）　　（B）

・**分散力**
(Dispersion force)

電子が
偏在する
瞬間　（瞬間的分極）

図2.7　ファン・デル・ワールス力[22]

　の一例を示した。

　また、ファン・デル・ワールス力は電気的に中性な分子と分子の間に働く相互作用力（すなわち、分子間で生ずる力）である。一般的には、**図2.7**に示した3つの力、すなわち、配向力（U_{or}）、誘起力（U_{ind}）および分散力（U_{disp}）の和として表される[21]。配向力（U_{or}）とは、接着剤分子と被着体分子がそれぞれ極性物質であり、互いに接近した場合それぞれの持つ永久双極子が互いに引き合っ

て、双極子が一定の方向に配向する。

　言い換えれば、分子が原子の電子密度の差によって生ずる極性の違いによって
おこる分子間の相互作用であり、誘起力（U_{ind}）とは、分極した分子と分極して
いない中性の分子の間に生まれる力である。

　接着剤分子と被着体分子のどちらか一方が無極性分子、他方が極性分子である
場合、被着体が互いに接近すると、無極性物質は極性物質に誘発され分極する。
その結果、互いに牽引しあう力が発生するが、この力は弱いので接着の場合には
無視されることが多い。分散力（U_{isp}）はLondon Forceともいわれる。接着剤
と被着体の被着体が無極性物質である場合には、引っ張り合う力は働かないはず
であるが、分子の瞬間的な分極によって生ずる力である。

　表2.3に結合エネルギーを示した[22]。分子結合（一次結合）に比較し、水素結
合、ファン・デル・ワールス力の結合エネルギーの低さがわかる。

　接着力の値から化学結合力は考え難く、分子間力が接着力発現を支配してい
る。もちろん機械結合力は、被着体の形状により起こり得る。実際の接着力発現
の機構として化学結合論も完全には否定されてはいないが、寄与率はきわめて低

表2.3　結合の種類と結合エネルギー[22]

結合の種類		結合エネルギー（KJ/mol）
化学結合	・イオン結合	600〜1500
	・共有結合	60〜700
	・金属結合	110〜350
酸―塩基結合		80〜1000
水素結合	O–HO	25
	C–HO	8〜13
	O–HN	17〜30
	N–HO	8〜13
	N–HN	25
	N–HF	21
	F–HF	30
ファン・デル・ワールス力	・配向力	4〜20
	・誘起力	2以下
	・分散力	0.08〜40

いと推察されている。接着力の発現は、それぞれの理論が複合的に絡み合っていると考えるのが妥当だろう。

2.7 まとめ

　本章では、接着の基礎を述べた。接着剤を被着体に塗布する場合、液体もしくはペースト状の接着剤が被着体によく濡れることが第1の要件である。すなわち、濡れ性とは接着剤の表面張力が、被着体の表面張力、および接着剤と被着体との界面の表面張力と釣り合っていることを意味している。この現象はYoungの式で説明される。さらに、良好な濡れ性を得るためには、Zismanの臨界表面張力の研究から、被着体の表面張力より小さな接着剤を選択することが必要条件であることも述べた。また、Dupreの式から、接着仕事は接着剤と被着体との和から両者の界面自由エネルギーを引いたものである。界面自由エネルギーが小さいほど接着仕事が大きくなる。このことは、被着体と接着剤が類似の構造を持つことを示唆している。溶解度指数（SP値；δ）にも通じる考え方である。

　接着機構については、これまで種々の議論があった。現在では、被着体と接着剤間の相互作用は分子間力接着（二次結合）が有力であり、具体的にはファン・デル・ワールス力および水素結合であると考えられている。接着仕事から求められた値と実測値には、解離（違い）がある。接着力の発現は種々の要因が絡み合っており、複雑であることも理解できたと思う。ただし、接着力は破壊力から評価されており、この点を十分に考慮しなければならない。

【引用文献】

1) 中尾一宗；化学総説「複合材料」, 学会出版センター, NO.8, p153（1975）
2) 黄慶雲；「接着の化学と実際」, 高分子化学刊行会（1962）
3) 日本ゴム協会編；「新ゴム技術入門」, 日本ゴム協会（1967）
4) 井本稔, 黄慶雲；「接着とはどういうことか」, 岩波新書（1980）

5）竹本喜一，三刀基郷；「接着の科学」（講談社）（1997）

6）宮入裕夫監修；「構造接着の基礎と応用」CMCテクニカルライブラリー215，シーエムシー出版（1997）

7）日本接着学会編；「プロをめざす人のための接着技術教本」，日刊工業新聞社（2009）

8）たとえば、協和界面科学㈱製　接触角計；https://www.face-kyowa.co.jp/products/3-1_ContactAngle.html

9）日本接着学会編；「プロをめざす人のための接着技術教本」，日刊工業新聞社，p4〜5（2009）

10）高田忠彦；「繊維／ゴム・樹脂との接着技術の現状と今後の動向」セミナーテキスト，p24（2015年11月12日開催）

11）井本稔，黄慶雲；「接着とはどういうことか」，岩波新書，p35（1980）

12）黄慶雲；「接着の化学と実際」，高分子化学刊行会，p21〜32（1962）

13）日本接着学会編；「プロをめざす人のための接着技術教本」，日刊工業新聞社，p7〜8（2009）

14）井本稔，黄慶雲；「接着とはどういうことか」，岩波新書，p45〜48（1980）

15）竹本喜一，三刀基郷；「接着の科学」，講談社，p60〜62（1997）

16）日本接着学会編；「プロをめざす人のための接着技術教本」，日刊工業新聞社，p5（2009）

17）北崎寧昭；日本接着協会誌，8(3)，p131〜141（1972）

18）正路大輔，伊藤幸一，高田忠彦；繊維学会誌，61(7)，p177〜182（2005）

19）高田忠彦，古川雅嗣；繊維学会誌，46(4)，p134〜141（1990）

20）宮入裕夫監修；「構造接着の基礎と応用」，シーエムシー出版，p32（1997）

21）井本稔，黄慶雲；「接着とはどういうことか」，岩波新書，p55〜81（1980）

22）竹本喜一，三刀基郷；「接着の科学」，講談社，p58（1997）

第 **3** 章

ゴム補強繊維の
接着加工技術

タイヤ、伝動ベルト、搬送（コンベア）ベルトおよびゴムホースなどの繊維／ゴム複合材料はゴムと補強繊維で構成され、非常に厳しい条件下（温度、繰り返しひずみなど）で使用される。

　繊維／ゴム複合材料の代表的な用途であるタイヤに要求される性能は、乗り心地、形態保持性、走行安定性や走行耐久性などである。これらの性能はゴムおよび補強繊維の物性やタイヤ自体の性能に左右される。特に、補強繊維の引張強度、弾性率、乾熱収縮率、疲労性などの物性が重要であるが、もっとも重要な要求性能はゴムと補強繊維との接着性と考える。タイヤ用マトリックスゴムは主として天然ゴム（NR）およびスチレンブタジエンゴム（SBR）などの汎用ゴムが使用される。一方、ゴムを補強する繊維は、タイヤの要求性能の向上に合わせて、麻、綿などの天然繊維から、化学繊維のレーヨン、ナイロン、ポリエステル繊維などへ変遷をしてきた。

　このような繊維の変遷は、引張強度と寸法安定性（すなわち、弾性率と乾熱収縮率）の向上の要求に対応するためである。繊維性能の向上が、タイヤの性能向上に寄与してきたが、逆に、高強度繊維の表面は化学構造上不活性となる場合が多く、ゴムに対して良好な接着性を得ることはいっそう困難になった。これまで不活性表面を有する繊維に適合する多くの表面処理技術や接着技術が開発され、実用化されてきた。

　しかし、ゴムと補強繊維の接着性は、繊維種にもよるが、必ずしも十分なレベルが得られているわけではない。現在では、ゴム／繊維複合材料の要求性能への対応や用途の拡大により、天然ゴム（NR）やスチレンブタジエンゴム（SBR）などの汎用ゴムだけでなく、種々の機能を有する特殊ゴム（機能性ゴム）が使用されるようになってきた。具体的にはクロロプレン（CR）、アクリロニトリルブタジエン（NBR）、水素化ニトリルゴム（H-NBR）やエチレンプロピレン（EPDM）ゴムなどである。これらの特殊ゴムと補強繊維の接着性を向上させる技術開発が期待されるようになった。

　本章では、接着技術に的を絞り、その開発経緯について説明を加える。各種補強繊維の接着技術の開発については、第4章で詳細に述べる。

　これまでに、ゴム補強繊維の接着技術やタイヤ技術における繊維／ゴム界面に

関する成書、総説が多く発表されている[1~6]。これまでの開発の経緯や状況を知る参考になる。

3.1 接着技術開発の考え方

　補強繊維とゴムは性能の異なる材料である。異なる材料を接着させるには、**図3.1**に示すモデル図から明らかなように、一般的には、未加硫ゴムと接着処理した補強繊維を複合化し、加硫によって接着力を発現させなければならない。

　加硫とは、「分子鎖に二重結合を有するジエン系原料ゴム（未加硫ゴム）に硫黄、その他の加硫剤、加硫促進剤などを添加し、十分に混練りしたゴム配合物を所定温度に加熱し、圧力をかけてゴムの分子間を化学結合（架橋）で結ぶ反応」と定義される。同時に、接着処理した補強繊維を共存させ、接着性を発現させる。加硫時に補強繊維がゴムと直接相互作用を有する場合には、接着剤を使用する必要はない。ゴムと補強繊維間に相互作用が期待できない場合には、接着剤を

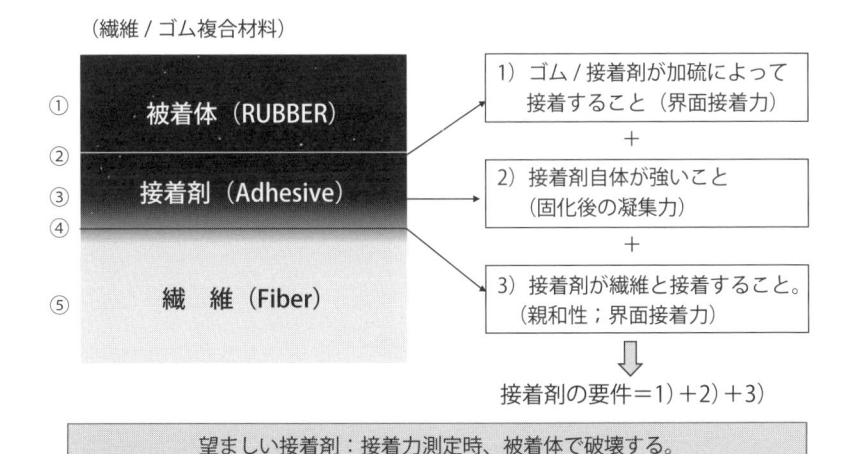

図3.1　繊維／ゴム接着モデルと接着技術の考え方

介在させて、図3.1に示す②のゴムと接着剤、④の繊維と接着剤の界面をそれぞれ相互作用させることにより接着力を発現させる。

補強繊維の種類やゴム種によって接着技術開発の考え方は異なってくる。②および④の界面が強固に接着しており、接着剤自身の凝集力（強さ）が高く、接着力測定時に、①のゴム自体が凝集破壊する接着剤が望まれている。

過酸化物架橋が実施されている非ジエン系ゴムに対しては、接着技術開発はさらに難しい。別の考え方を導入する必要ある。

以上のような考え方に基づいて、補強繊維の化学的もしくは物理的性質によって、最適な補強繊維とゴムの接着加工技術が開発されてきた。

3.2 ゴム補強繊維の接着技術開発

ゴムと補強繊維の接着は、当初の補強繊維が主として紡績糸から作られる麻や綿コードや織物であったため、毛羽による投錨効果や織物の間隙に被着体のゴムがブリッジすることによる機械的接着が主であった。その後、補強繊維とゴムに親和性を有する接着剤処理を行い、被着体ゴムと接着する方法が開発され、現在はこの方法が主体的に行われている。一方では、マトリックス（被着体）ゴムの中に繊維と親和性を有する接着剤を添加する方法も行われている。

繊維を接着剤によって処理する方法は後の章で詳細に述べるが、これまでの経緯に触れる観点から、以下3つの方法を説明する。

3.2.1 機械的接着法

機械的接着法は接着剤を使用しないで、ゴムの繊維間ブリッジや繊維毛羽で機械的（物理的）に接着させる方法である。当初、ゴム補強繊維は天然繊維の麻や綿の紡績糸が使われていたが、これらの繊維は短繊維から構成される。短繊維の紡績糸から構成されるコードや織物表面に、**図3.2**に示す単繊維毛羽が発生す

る。

　ゴム／繊維複合材料の初期の時代には、接着剤は使用されず、主として、補強繊維の毛羽や織物の間隙を接着に利用する方法が行われていた。すなわち、織物を構成する経糸および緯糸の間をゴム同士がつながり、ブリッジ効果により見かけの接着力や、繊維毛羽がゴムの中に埋まりこむ投錨（アンカー）効果や毛羽の埋まりこみ効果によって接着力を発現させる。

　図3.2に示したように、機械的に接着しているだけであり、接着力は弱く、耐久性も低い。補強繊維とゴムの接着力が低いのは、化学的な相互作用がないことが大きな理由である。ゴム／繊維複合材料として、たとえば、タイヤの場合には、補強繊維による形態保持性は発現しても、走行耐久性には乏しかった。短い走行距離でタイヤは破壊してしまうためである。

　この接着法は、補強繊維として麻や綿のコードや織物が使われていた時代の接着法である。断面が円形に近く、表面が平滑であるレーヨンやナイロン、ポリエステル（PET）が補強繊維として登場してからは、意識的に繊維表面を毛羽立てて接着させる場合を除いて、適用されることは殆どない。

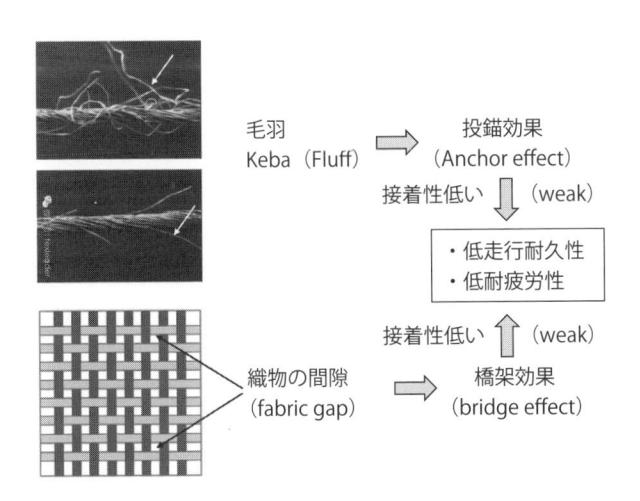

図3.2　機械的接着法

3.2.2　ゴム用接着剤添加法

　自動車タイヤ、伝動ベルトなどゴム／繊維複合材料の走行耐久性を良好にするには、ゴムと補強繊維の強固な接着性を有することが必須である。この要求に対応するために、ゴムと補強繊維に対して、化学的な相互作用を有するゴム用接着剤添加法が開発された。すなわち、この方法は未加硫ゴムに加硫剤、加硫促進剤やカーボンブラックなどを配合する際に、ゴム用接着剤を添加する方法である。ゴム混練工程に添加されるので、接着処理工程が増えることもない。水酸基（-OH）、カルボキシ基（-COOH）などの活性基を持つ補強繊維に対して実施された方法である。

　たとえば、綿やレーヨン繊維の主たる化学構造はセルロースであり、官能基として水酸基（-OH）を持っている。また、アミノ基（$-NH_2$）、カルボキシ基（-COOH）、アミド結合（-NHCO-）を有するナイロン繊維にも有効と考えられる。これらの官能基と反応する接着剤をゴム中に添加することによって、ゴム用接着剤と繊維およびゴムの官能基が加硫時に反応を起こし、接着性が発現する。

　著名な具体的な例は、「HRH システム」と呼ばれる方法[4]である。この接着剤は、ハイシリカ（Hisilica）、レゾルシン（Resolcine）およびヘキサミン（Hexamine）からなる。この方法は、加硫時にヘキサミンが分解し、ホルムアルデヒドを発生し、メチレンドナーになり、メチレンアクセプターであるレゾルシンと反応し、レゾルシンとホルムアルデヒドの縮合体を形成するといわれる。この縮合体がセルロース繊維および天然ゴム（NR）やSBRと反応し、接着力を発現する。

　添加するハイシリカの役割は、加硫剤である硫黄の加硫反応やメチレンドナーとアクセプターの樹脂化反応を抑制し、メチレンドナーやアクセプターの接着界面への拡散に寄与することにより、繊維との界面接着力が向上すると推定されている[7]。HRH法はヘキサミンが分解する際に発生するアミン臭気のために、ナイロン、PETなどの有機繊維には、現在はほとんど使われていない。接着剤成分をゴム中に添加する方法は、現在、真鍮メッキされたスチール繊維と組み合わされて使用されている[8]。

3.2.3　接着剤処理法

　ゴム用補強繊維として、綿の次に出現したレーヨン繊維は、綿に比較して、断面が円形で、表面が比較的平滑である。繊維毛羽のアンカー効果による機械的な接着性の発現は期待できず、接着力を向上させるために接着剤の開発が必要となってきた。溶剤系および水系接着剤の2種類が開発された。ゴム補強繊維およびマトリックスゴムの表面性質によって、2つの処理方法が使い分けられ、実施されてきた。

　接着剤が両者に親和性を有する場合には一浴接着処理法が実施され、補強繊維とマトリックスゴムに対する親和性が異なる接着剤の場合には、二浴接着処理法が行われている。たとえば、まず、繊維に親和性を有する接着剤で処理し、次いで、マトリックスゴムとの親和性の高い接着剤で処理する方法である。もちろん、1浴目接着剤と2浴目接着剤は相互に良好な親和性が必要である。接着処理法は補強繊維の表面性質によって使い分けられている。

溶剤系接着処理法

　図3.1に示したように、補強繊維とゴムを接着させるための接着剤は、補強繊維とゴムの双方に相互作用（親和性あるいは分子間力）を有し、接着剤自身の凝集力（強さ）が高いことが重要になってくる。

　当初の接着剤は親ゴム成分として、天然ゴム（NR）、スチレンブタジエンゴム（SBR）などのマトリックス（被着体）ゴム成分をガソリン、トルエンやキシレンなどの溶剤に溶かしたゴム糊である。それを麻や綿布に塗布して接着させていた。繊維に対してゴム糊の親和性を期待したものではなく、綿布の毛羽（アンカー効果：投錨効果）や織布に対するブリッジ効果など機械的な接着を期待したものである。

　その後、ナイロン繊維やPET繊維に対して親和性を有する多官能イソシアネート化合物がゴム糊に配合された。ゴム糊に配合された多官能イソシアネート化合物は、ゴム糊成分のゴムに対して凝集力を高める働きも期待できる。多官能イソシアネート化合物としては、高反応性のイソシアネート基（-NCO）を2個

以上有するトリフェニルメタントリイソシアネート（TTI）、ジフェニルメタン ジイソシアネート（MDI）、トリレンジイソシアネート（TDI）やポリメチレン ポリフェニルポリイソシアネート（PAPI）など、芳香族イソシアネートを挙げ られる[9]。溶媒に溶解した芳香族イソシアネートで処理する方法は現在も使われ ている。

　たとえば、ローエッジ伝動ベルト補強用PETコードの接着処理方法として、 多官能イソシアネート化合物を溶剤に溶解した接着剤が使用されている。ロー エッジ伝動ベルト用PETコードは、接着剤が単糸間に十分に含浸していること が必要である。接着剤の含浸性には溶剤が寄与する。

　第1章の図1.13に示したように、ローエッジ伝動ベルトは、ベルト端面に補強 用PETコードが露出している。接着剤の含浸が不十分であると、端面の補強 PET繊維コードとプーリーの摩擦により単糸がホツレて走行中に飛び出すこと がある。ホツレて飛び出した単糸がプーリーに巻き付くと、伝動ベルトを切断す ることもある。すなわち、走行疲労性が低下し、耐久性の面からも単糸がホツレ るのは好ましくない。

　この現象を防ぐために、含浸性の良好な溶剤系接着処理が実施されてきた。こ れまでの水系接着剤ではPET繊維コード単糸間に接着剤が十分に含浸せず、 ローエッジ伝動ベルト用PET補強コードの性能としては好ましくなかった。近 年では含浸性の良い水系接着剤が開発されたという情報もあるが、詳細は不明で ある。ローエッジ伝動ベルトの心線にはPET繊維だけでなくパラ型アラミド繊 維も使われており、ほつれ防止加工はきわめて重要な接着技術になっている。

　自動車部品に多く使われる各種ゴムホースの場合には、機能性を有するマト リックスゴム（特殊ゴムが多い）と補強繊維との接着力を得ることがきわめて難 しく、親ゴム性を有するマトリックスゴムを溶剤に溶解した溶剤系接着剤が適用 される場合がある。溶剤系接着剤は爆発、健康、環境への配慮から完全に水系接 着剤に転換することが好ましいが、水系接着剤への転換は難しい。爆発、環境保 護を考慮に入れながら、溶剤系接着剤を使わざるを得ない状況である。

　なお、マトリックスゴムには天然ゴム（NR）、スチレンブタジエンゴム （SBR）、イソプレンゴム（IR）やブタジエンゴム（BR）などの汎用ゴム、クロ

ロプレン（CR）、アクリロニトリルブタジエンゴム（NBR）、エチレンプロピレンゴム（EPDM）、クロロスルフォン化ポリエチレン（CSM）などの特殊ゴムが知られている。一部の特殊ゴム（CR、NBRやCSM）に対してはラテックスが開発され水系接着剤が開発されているが、すべての特殊ゴムに対応することが難しく、溶剤系接着剤が使用される場合も多いようである。水系接着剤で処理後、溶剤系のオーバーコート剤（被着体ゴムを溶剤に溶解）で処理することもある。市販の溶剤系接着剤として、ケムロック[®10]やタイロック[®11]が著名である。溶剤系は水系と比べて繊維に対する濡れ性も良いのが特徴で、溶剤系接着剤を水系接着剤に完全に代替するのは難しい。

水系接着処理法

　溶剤系接着剤は火災や爆発の危険性があるため、防爆型処理装置が必要である。健康や環境に与える影響もある。そのため、大量生産に好都合であり、取り扱いが容易な水系接着剤の開発が期待されていた。

　ゴムと繊維の接着剤開発の考え方は、図3.1に示したように、「（1）接着剤がゴムおよび繊維に対して親和性を有すること （2）接着剤が固化（あるいは硬化）した後の凝集力が高いこと」という2つの要件を満足する成分を探索することにある。もちろん、第2章で述べたように、もっとも基本的なことは補強繊維に対してよく濡れる、すなわち、補強繊維に対する親和性の良好な水系接着剤を開発することである。そして、水系接着剤で処理後、乾燥、固化（硬化）後の凝集力が高く、ゴムと加硫後、ゴムとの親和性を有することである。このような考え方に基づいて、溶剤系に代替する取り扱いの容易な水系接着剤の開発が進んだ。

　水系接着剤の開発は、マトリックス（被着体）ゴムに親和性の高い天然ゴムラテックスを応用することから始まった。確かに、天然ゴムラテックスは同じ化学構造を有する天然ゴム（NR）に対する親和性は高いが、繊維断面が円形で、繊維表面が平滑であるレーヨン繊維に対する親和性は低い。また、天然ゴムラテックスの乾燥、固化後の凝集力も低い。

　そこで、特に活性基（水酸基：-OH）を有するレーヨン繊維に対する親和性が高く、接着剤が固化（硬化）後、天然ゴムラテックスの凝集力を高める添加剤が

探索された。これが水系接着剤開発の基本的な考え方である。この考え方に基づいて水系RFL接着剤が開発され、実用化されている。

　補強繊維は、レーヨン繊維以外にもナイロン繊維、PET繊維が開発されているが、補強繊維に対して親和性を有する水系添加剤の開発がポイントとなることは言うまでもない。各種補強繊維に対する水系接着剤の詳細については、第4章にて述べる。

3.3　まとめ

　ゴム補強繊維の接着技術は、補強繊維の開発に関係しながら発展してきた。具体的には、機械的接着法、ゴム用接着剤添加法および接着剤処理法である。現在は、接着剤処理法が主たる接着技術となっている。**図3.3**に補強繊維および接着技術開発の流れをまとめて示した。

　ゴムと繊維の接着技術は、水系RFL接着剤の開発後、水系RFL接着剤の組成や添加剤の組み合わせを種々最適化しながら使われ続けている。水系RFL接着剤はレーヨン繊維、ナイロン繊維に対してはきわめて有用な接着剤であるが、繊維表面が不活性PET繊維やアラミド繊維などは新しい接着技術の開発が必要である。その場合でも、親ゴム性の接着剤として水系RFL接着剤が使われている。このことは、水系RFL接着剤のコスト/性能のバランスがいかに優れているかを示している。

　水系RFL接着剤は、長年にわたりゴム補強用補強繊維の汎用的接着剤として使い続けられているが、近年ではレゾルシン（R）、ホルマリン（F）の毒性が懸念され、RFフリーの接着剤開発の機運が大きくなっている。これらについては後の章で詳細に述べる。

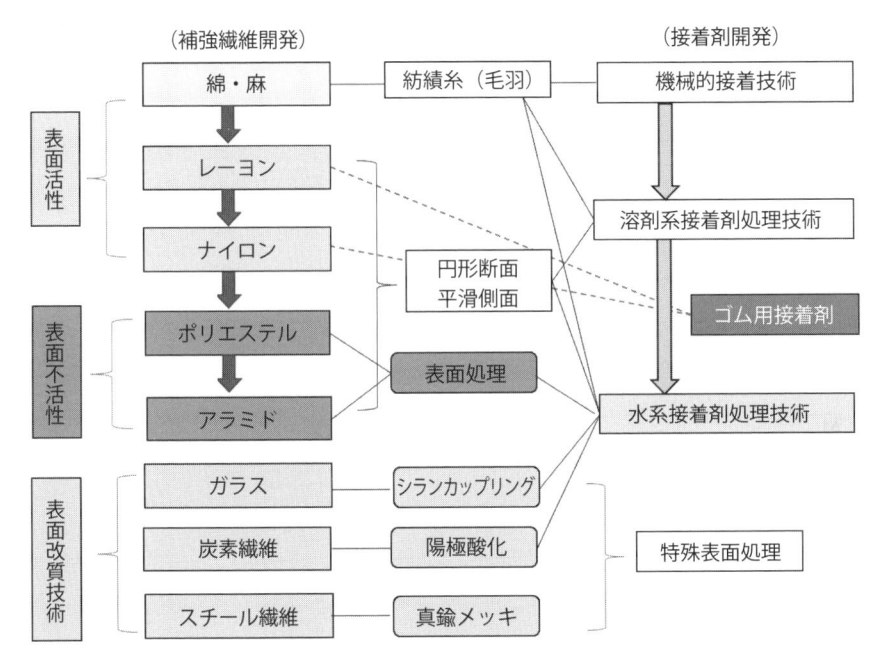

図3.3 接着技術開発の流れ

【引用文献】

1) 日本ゴム協会編;「新ゴム技術入門」(日本ゴム協会)(1967)

2) 日本ゴム協会編;「ゴム技術の基礎」(日本ゴム協会)(1983)

3) S.K.Clark, Editor;「Mechanics of Pneumatic Tires」National Bureau of Standards Monograph (1971)

4) 松井醇一, 土岐正道, 清水寿雄;日本ゴム協会誌, **7**(5), p303-310 (1971)

5) 毛利充邦, 藤井　悟;繊維機械学会誌, **42**(12), p656-668 (1989)

6) A.Lechtenboehmer, H.G.Monepenny, F.Mersch ;British Poly. J., 22 (1990), p265-301

7) 塩山　務, 森　邦夫, 大石好行, 平原英俊, 武田榮一;日本ゴム協会誌, 80(3), p77～81 (2007)

8) ブリヂストン編;「自動車用タイヤの基礎と実際」(東京電機大学出版局), p300-301 (2008)

9) 日本ゴム協会編;「新ゴム技術入門」(日本ゴム協会), p305～310 (1967)

10) Lord Corporation ホームページ;https://www.lord.com/products-and- solutions/brands/chemlok/all-products

11) 東洋化学研究所ホームページ;https://www.sumikamaterials.com/penacolite-resins/

第 4 章

各種補強繊維の概要と
接着技術

ゴム補強用繊維には当初麻や綿が適用されてきたが、その後多くの化学繊維、無機繊維や金属繊維が開発され、それぞれの特性を生かしながら最適なゴム補強用途に展開されている。

　第3章では補強繊維全体の接着技術を説明したが、本章では各種補強繊維の製糸法、物性などを概説し、接着技術を説明する。

4.1　レーヨン繊維

　これまで開発されてきた多くのゴム補強繊維は、繊維／ゴム複合材料であるタイヤ、伝動ベルトおよびゴムホースなど、具体的な用途に要求される性能に基づいて最適な補強繊維が選択されている。補強繊維の接着性は非常に重要な特性であるが、力学的性能にも留意を払わなければならない。

　本節では、セルロース系繊維のうち、ゴム補強用繊維として使われているビスコースレーヨン繊維を取り上げ紹介する。

　当初、タイヤ用補強繊維はダンロップによって開発された天然繊維の亜麻（Irish flax）が使われていたが、高価格であったため、綿（良質のエジプト綿）織布に代替していった。しかし、綿織布は厳しい走行条件に対する耐久性に乏しく、その後開発されたセルロース系化学繊維の一つであるレーヨン繊維がトラックのバイアスタイヤ用カーカス材として使用され始め、やがて乗用車タイヤ用補強繊維としてタイヤコードの主流繊維となった[1]。

　レーヨン繊維補強タイヤが最初に現れたのは、1937年ごろであり[2]、1945年から徐々に需要量が増大し、1963年ごろまでにはレーヨン繊維はタイヤコードとして王座を占めるに至った。1962年のレーヨン繊維タイヤコード生産量は日本では16.9千トン、米国では94千トンであった[3]。レーヨン繊維は寸法安定性や耐熱性が良好であるが、引張強度が低く、水分の影響を受けやすく、耐疲労性が十分ではない。そのため、デュポンのカロザースによって開発されたナイロンタイ

ヤコードに代替されていき、レーヨン繊維のタイヤコードとしての最盛期は過ぎ、需要量は減少していった。ナイロン繊維は引張強度、疲労性に優れ、バイアスタイヤのカーカス材としてコスト/性能にもバランスがとれた補強繊維であった。

レーヨン繊維は水酸基（-OH）を多く有する化学構造から繊維表面が活性であるため、ゴムとの接着性が良好である。また、寸法安定性が良好で高速道路の走行に適し、現在主流となっているラジアルタイヤのカーカス材に要求される補強繊維として最適であり、環境にも優しい繊維でもあるため、高性能タイヤ補強繊維として再び見直されている。特に超高性能系乗用車用タイヤ（UHP）用カーカス材、ランフラットタイヤ（RFT）用カーカス材、二輪車タイヤ（MC）用カーカス材などに用いられている。ヨーロッパでは、レーヨン繊維コードが乗用車タイヤ（PS）のカーカス材としていまだに根強く用いられている[4]。

レーヨン繊維は天然資源の木材を原料としており、環境にも優しいことが見直される要因の一つとなっている。国内でも少量ではあるが、1990年ごろからラジアルタイヤのカーカス材として適用されている。2000年以降は年間3000トン前後の需要がある[5]。

4.1.1 レーヨン繊維の製造法

レーヨン繊維の製造法は、ビスコース法と銅アンモニア法が工業化されている。タイヤ用補強繊維としてはビスコース法レーヨン繊維が使われている。

ビスコース法レーヨン繊維は、1892年、英国のクロス（Cross）およびベバン（Bevan）がその原理を発明し、1894年、英国のビスコース・シンジケート（Viscose Syndicate）、1904年、英国のコートルズ（Courtaulds）が工業化した。日本では1918年、帝人（当時は帝国人造絹糸）が工業化した[6]。

ビスコース法レーヨン繊維は、木材パルプから得られるセルロースを水酸化ナトリウムと二硫化炭素に溶解してビスコースにして、湿式紡糸で繊維化して製造される[7]。レーヨン繊維は木材から得られる繊維であり、環境に優しい繊維であるが、製造時に二硫化炭素を使用するため臭気が強く毒性が懸念されたため、その後開発された性能の優れた合成繊維のナイロンなどに代替されていった。

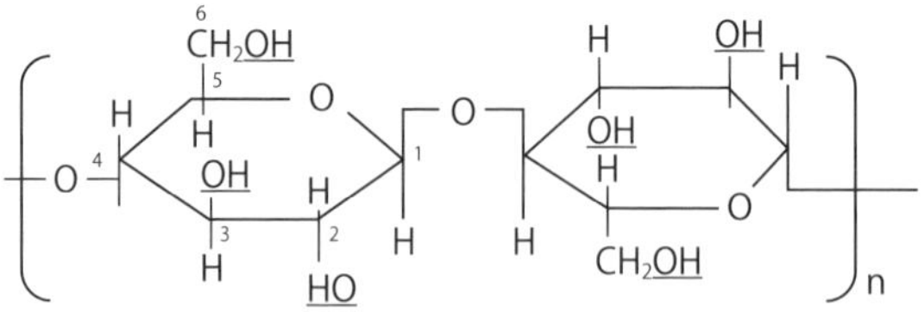

図4.1　セルロース系繊維の化学構造

　ビスコース法レーヨン繊維は、すでに国内では生産が中止され、現在ではドイツのコーデンカ（Cordenka）やインドのシュリアムレーヨン（Shuriam Rayons）で生産されているのみである。タイヤコードを含む産業用レーヨン繊維の年間生産能力は、2020年ではコーデンカ32千トン、シュリアムレーヨン9千トンである[8]。セルロース系繊維の化学構造を**図4.1**に示す。

　レーヨン繊維のタイヤコードへの適用や高強度化への技術開発の経緯は、秦や伊藤の総説に詳しくまとめられている[9],[10]。先人の苦労が良くわかる。

　現在、タイヤ用補強繊維として、主として高強度レーヨン繊維（スーパーⅡおよびⅢ）が適用されている[11]。さらに高強度化を目指しスーパーⅣやスーパーⅤの開発も行われているとの情報もあったが、詳細は不明である。

　また、レンチングがN-メチルモルフォリン-N-オキシド（NMMO）を溶媒とした新規なレーヨン繊維紡糸法によりリヨセルを開発した[12]。クローズドシステムで製造されるこの紡糸法をタイヤコード用レーヨン繊維製造法に適用した特許も見られる[13]。高強度、高弾性率が得られるという。

　レーヨン繊維とリヨセル繊維の製造法[7]の概要を**図4.2**に示した。

4.1.2　レーヨン繊維の物性

　タイヤコード用レーヨン繊維は、その後出現したナイロン繊維との競合があり、物性向上に注力された。特に課題である引張強度を向上させるために、アミン類、ポリアルキレンオキサイド類など、変態剤のビスコースへの添加が研究された。変態剤によるビスコースへの作用機構は明確ではないが、スキンが厚くなり、配向度が大になるという。この技術により、引張強度や耐疲労性が向上し、

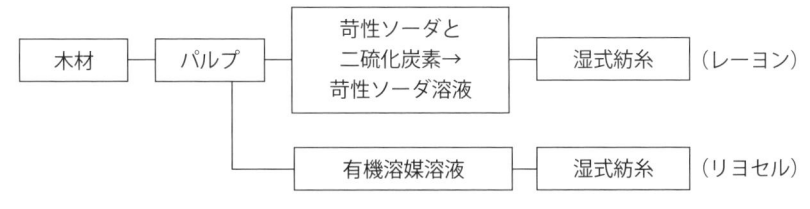

図4.2　レーヨン繊維・リヨセルの製造法概要[7), 13)]

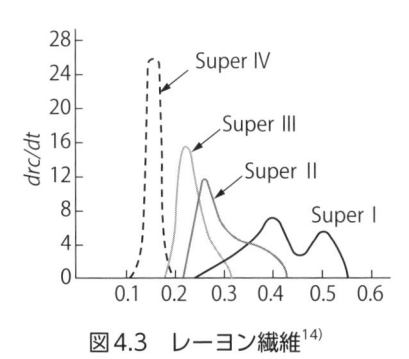

図4.3　レーヨン繊維[14)]

表4.1　レーヨン繊維タイヤコードの物性[14)]

	Super I	Super-II	Super-III
構造（d/2）	1650/2	1650/2	1650/2
強力（絶乾）(kg)	14.0	15.8	17.3
強度*（g/de）	3.6	4.0	4.4
4.5kg荷伸（%）	4.2	3.8	4.0
切断伸度（%）	14.8	14.4	16.6

注）＊印　強力（絶乾）を正量繊度で割ったもの
　　Glanzstoff社のSuper-IIIは強力18kg以上

スーパー I からスーパー III へと順次開発され、今日に至っている。スーパーレーヨン繊維の開発は、**図4.3**[14)]に示すように、ラテラルオーダー（LO）の分布が低くて狭い方へ変化することから説明されている。力学特性を**表4.1**に示す[14)]。

表4.2はコーデンカ社製レーヨン繊維（スーパー II および III）の原糸物性[15)]である。**表4.3**は同じくコーデンカ社製レーヨン繊維の接着処理コードの物性[16)]を示したものである。

レーヨン繊維タイヤコードは後述するナイロンやPETに比較すると強力や耐疲労性は低い。しかし、ラジアルタイヤの重要な特性である寸法安定性（荷重伸度が小さく、乾熱収縮率も小さい）が良好であることが大きな特徴である。また、化学構造からも接着性は有利である。

表4.2　レーヨン繊維の物性[15]

	名目繊度 (dtex)	実繊度/Fy数 (dtex/Num)	強力 (N)	強度 (mN/tex)	切断伸度 (%)	荷重伸度 @45N（%）
CORDENKA® 610F （Super Ⅱ）	1220	1257/720	56.8	452	11.3	7.7
	1840	1875/1000	89.6	478	12.6	4.5
	2440	2485/1350	116.4	468	12.7	3.2
CORDENKA® 700 （Super Ⅲ）	1840	1886/1000	96.1	510	12.7	4.6
	1840	2485/1350	127.9	515	12.2	3.0
	3680	3818/2000	184.6	483	12.5	1.3

注）強力は原糸にZ撚（100回/m）をかけ測定
注）文献[15]から筆者作表

表4.3　レーヨン繊維接着処理コードの物性[16]

		CORDENKA®610F （Super Ⅱ）		CORDENKA®700 （Super Ⅲ）			
コード構成		1840/2	1840/3	1840/2	1840/3	2440/2	
撚数	回数/m	480/480	360/360	360/360	480/480	380/380	385/385
ゲージ	mm	0.67	0.85	0.65	0.67	0.85	0.77
繊度	dtex	4500	6800	4250	4500	6850	5900
切断強力*	N	165	260	200	175	265	225
切断伸度*	%	13.0	13.5	12.0	13.0	14.5	12.0
荷重伸度@45N*	%	2.0	1.4	1.4	2.0	1.6	1.4

注）＊印　オーブン乾燥
注）文献[16]から筆者作表

4.1.3　レーヨン繊維の接着技術

　レーヨン繊維の断面は円形であり、表面が平滑である。そのため、ゴム補強用レーヨン繊維の接着に対しては、従来用いられていた麻、綿のように毛羽を利用するアンカー効果による機械的接着法は期待できない。溶剤系もしくは水系接着剤が用いられる。以下、詳述する水系RFL接着剤はレーヨン繊維に対して開発された。

水系接着剤RFL開発の経緯

　当初、レーヨン繊維に対する水系接着剤はマトリックス（被着体）ゴムに親和性の高い天然ゴムラテックスを応用することから開発が始まった。天然ゴムラテックスは同じ化学構造を有する天然ゴム被着体に対する親和性は高いが、繊維断面が円形で、繊維表面が平滑であるレーヨン繊維に対する親和性は低い。また、天然ゴムラテックスの乾燥、固化後の凝集力も低い。

　そこで、天然ゴムラテックスに配合する、特に活性基（水酸基：–OH）を有するレーヨン繊維に対する親和性を有し、乾燥・固化（硬化）後、天然ゴムの凝集力を高める添加剤が探索された。これが水系接着剤開発の基本的な考え方であり、この考え方に合致する多くの成分が探索されたと推察される。

　まず、ゴムラテックス用添加剤として、アルブミン、カゼインおよびゼラチンが検討されたが、これらの添加剤は繊維との親和性が低いため高い接着性を得ることができなかった。その後、種々の縮合系樹脂が添加剤として研究された。

　添加剤として検討された縮合系樹脂の種類は、フェノール・ホルムアルデヒド（PF）、レゾルシン・ホルムアルデヒド（RF）、ケトンアルデヒド、尿素アルデヒドである。水系高分子としてポリビニルアルコール（PVA）も検討された[17]。これらの添加剤の中から最適な樹脂としてRF樹脂が選択された。**図4.4**は、添加剤としてRF樹脂およびPF樹脂の接着改良効果を比較した結果である[18]。図

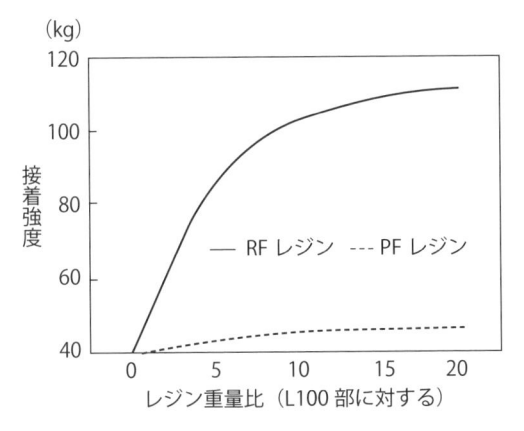

図4.4　RFおよびPF樹脂の添加効果[18]

の通り、RF樹脂はPF樹脂と比べて高い接着力を示した。水系RFL接着剤は当時のダンロップにより開発され、1935年に関連特許が取得された[19]。

　水系RFL接着剤は開発後、すでに80年以上経過している。ゴムラテックスとRF樹脂の組成の改良を続けながら、汎用的なゴム補強繊維の水系接着剤として現在まで使い続けられているのは驚異的なことである。水系RFL接着剤は、レーヨン繊維用接着剤として開発されたが、その後、ゴム補強繊維として優れた特性を有するナイロン6やナイロン66繊維にも適用された。レーヨン繊維と同様に、ナイロン繊維表面は分子末端に活性基カルボキシ基（-COOH）、アミノ基（$-NH_2$）、アミド結合（-NHCO-）などを有しており、水系RFL接着剤と反応もしくは相互作用することによって、マトリックス（被着体）ゴムと優れた接着性を示す。このことも水系RFL接着剤が長期間使用されてきた大きな理由の一つでもある。水系RFL接着剤は水系のため、取り扱いが容易で、接着剤成分が汎用で入手しやすく成分の値段が高くないことも、代替接着技術が出現せず汎用的に使われる理由と推察される。

　水系RFL接着剤は、ポリエステル繊維やアラミド繊維に対しても適用されている。しかし、これらの繊維は表面が不活性であり、水系RFL接着剤単独では実用的な接着力を得ることが難しいため、表面処理剤で処理されたのち、水系RFL接着剤が適用されている。このように、水系RFL接着剤の優位性は繊維／ゴム複合材料の接着剤としてきわめて大きい。**図4.5**に水系RFL接着剤開発に至る流れを示した。

水系RFL接着剤の調整法

　水系RFL接着剤は、RF樹脂とゴムラテックスを混合することによって調整される。**図4.6**に調整法を示した[20]。通常、まず、苛性ソーダ水溶液（一般的には10％濃度）を触媒として、常温（20〜25℃）で水に溶かしたレゾルシン（R）とホルムアルデヒド（F）を一定時間（4〜6時間）反応させて、水溶性RF初期縮合物を生成させる。それをゴムラテックス中にゆっくりと加え、さらに、常温（20〜25℃）で一定時間（24〜48時間）、ゆるやかに攪拌しながら熟成することで水系RFL接着剤が得られる。苛性ソーダを触媒に使用するのは、硬化型のレゾール型樹脂を得るためと考えられる。

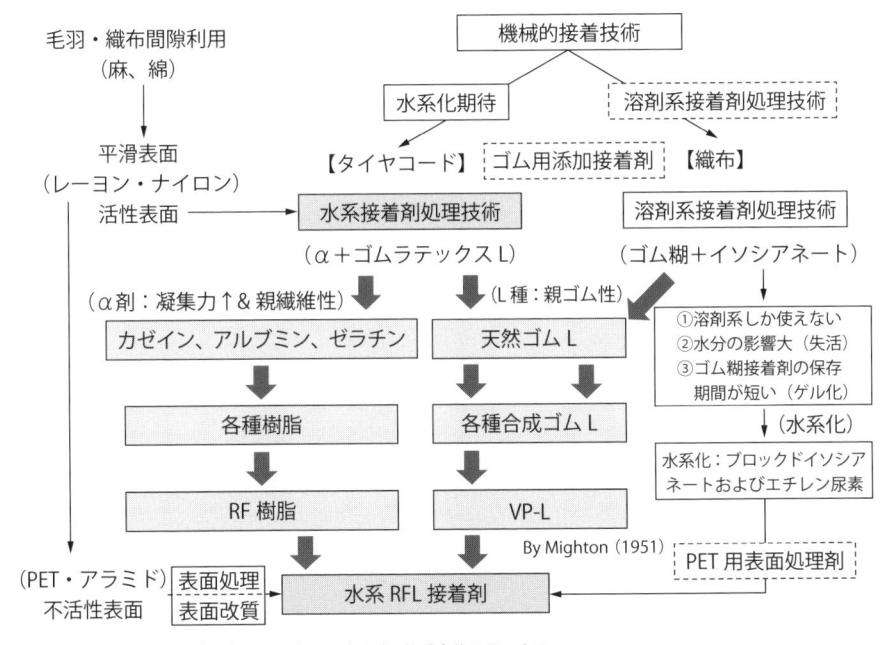

図4.5 水系RFL接着剤開発に至る流れ

注）VP-L　スチレン・ブタジエン・ビニルピリジン共重合体ラテックス

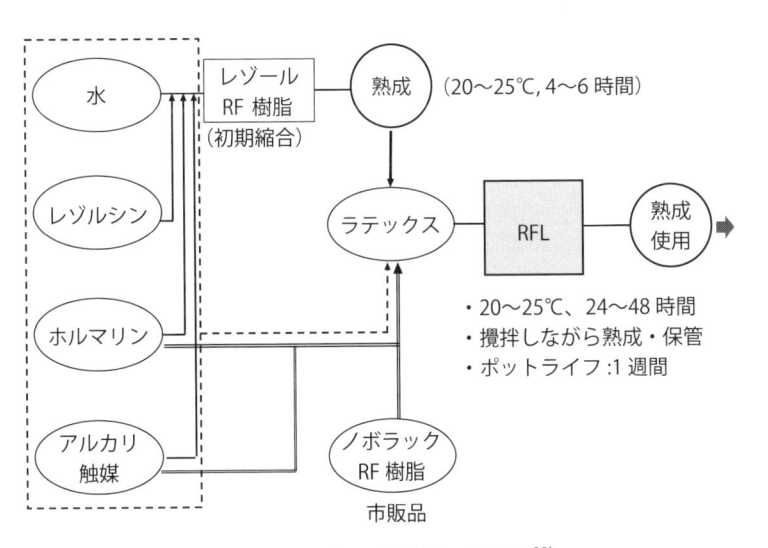

図4.6 水系RFL接着剤の調整法[20]

レゾルシン（R）/ホルムアルデヒド（F）比率（モル比）、RFに対するゴムラテックス（L）の比率（RF/L：重量比）が、ゴムとの接着性に影響を与える。また、水系RFL接着剤は18〜22%の濃度に調整され使用されるが、必ずしもこの濃度に限定されるものではない。なお、薬剤メーカーからレゾルシン（R）とホルムアルデヒド（F）をあらかじめ縮合させた初期縮合物（水溶液もしくはアセトン含有水溶液）が市販されている。予備縮合を省略する目的は接着剤調整工程の時間的短縮化である。初期縮合物としては、住友化学の「スミカノール®700」[21]や保土谷化学「アドハー®RF」などが著名である。海外では、Penacolite®樹脂がある[22]。これらはいずれもノボラック型の初期縮合物である。ただし、RF水溶液を自前で調整するよりは、若干のコスト高になる。

　調整された水系RFL接着剤は常温（20〜25℃）でゆっくりかき混ぜながら、1週間程度の保存が可能である。保存中にRF樹脂の縮合が進むので、保管温度、期間については十分に留意が必要である。

　レーヨン繊維に対して、水系RFL接着剤を固形分で3〜4%付着させた後に、100〜150℃にて1〜2分間、水分を乾燥させ、次いで、180〜250℃にて1〜2分間、硬化させる。接着処理にあたっては、水系RFL接着剤をレーヨン繊維に均一に付着させることが、高接着を得るための一つの条件である。水系RFL接着剤付着率、乾燥、硬化条件などの加工条件は加工メーカーによって最適条件に設定されている。また、一般的にこの工程で繊維コードに張力（テンション）もしくは緩和（リラックス）をかけ、弾性率や乾熱収縮率などの物性を調整する。

　水系RFL接着剤の繊維への付着性に関しては、レーヨン繊維原糸の紡糸・延伸時に油剤種や油剤付着率が影響することがある点にも注意が必要である。

水系RFL接着剤の配合組成

　水系RFL接着剤の配合は、①レゾルシン（R）/ホルムアルデヒド（F）のモル比、②RF樹脂/ゴムラテックス（L）の重量比、ゴムラテックスの重量混合比、③触媒の種類（苛性ソーダや炭酸ソーダなど）や濃度などを最適化することによって決定されている。具体的な配合組成や付着率は、熱処理条件（温度および時間）を含めて、加工メーカーのノウハウになっている。**表4.4**に基本配合[23]を示す。

表4.4 レーヨン繊維タイヤコード用処理液の基本配合[23]

	成　　　分	重量配合量	固形分
R.F液	レゾルシン	11	11.0
	ホルマリン（30%）	20	6.0
	苛性ソーダ（10%）	3	0.3
	水（軟水）	232	0.0
合計	固形分（6.5%）	266	17.3
RFL液	RF液（6.5%）	266	17.3
	SBRラテックス（40%）	212	84.8
	天然ゴムラテックス（60%）	25	15.0
	水（軟水）	436	0.0
合計	固形分（12.4%）	939	117.1

注）R/L＝1/2（モル比）、RF/L＝1/5.9（重量比）

水系RFL接着剤の反応機構

　水系RFL接着剤をレーヨン繊維に処理後、乾燥、硬化を経て未加硫ゴムと加硫し、接着性を発現する。接着性発現の機構に関しては、武井ら[24]が**図4.7**のような概念図を示した。ゴムとレーヨン繊維の接着機構は概念としてはよく理解できるが、反応機構の詳細については現在でも必ずしも明確ではない。

　水系RFL接着剤のレーヨン繊維とゴムに対する反応機構に関する過去の研究結果は、1960年〜70年代に上野[25]、松井ら[19]や舘野[26]が詳細に報告している。しかしその後、RFの反応やRFとゴムラテックスの相互作用（反応）に関してほとんど進展がなく、新たな報告もみられない。

　RFの縮合、RFLの反応機構およびRFLとレーヨン繊維の反応もしくは相互作用について、彼らの報告を引用して説明する。

(1) レゾルシン（R）とホルムアルデヒド（F）の反応

　レゾルシンよりも1つ水酸基（-OH）の少ないフェノールとホルムアルデヒドの反応は、レゾルシンとホルムアルデヒドの反応を考えるうえで参考になる。フェノールとホルムアルデヒドの反応に関しては、井本、宇野の共著の中で詳細

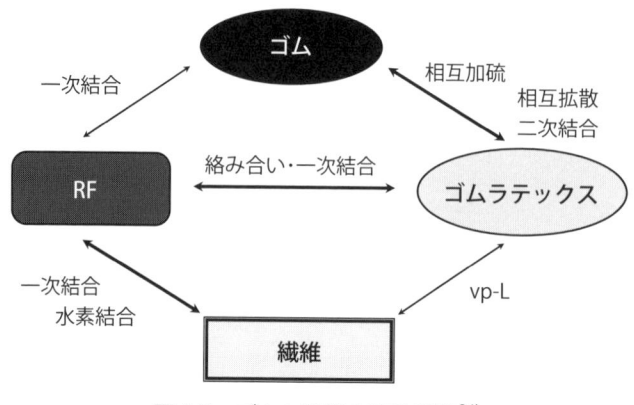

図4.7　ゴムと繊維の接着機構[24]

　な研究結果が紹介されている[27]。彼らの著書から引用すると、その反応はイオン的機構で進行し、触媒によって2種の第一次樹脂（初期縮合）を与える。アルカリ触媒（たとえば苛性ソーダ）の場合、生成する第一次樹脂（レゾール型初期縮合）は、メチロール基を有する種々の反応生成物である。分子量は100～200程度であり、加熱されて硬化物を形成する。一方、酸性触媒で生成する第一次樹脂ノボラックの分子量は500付近（1000を超えることはめったにない）にある。メチロール基を含まない、すなわちリニアに結合した化学構造を有する種々の反応生成物の混合物である。したがって、この段階では熱可塑性樹脂である。硬化させるには、さらにヘキサメチレンテトラミンを加えて反応させる。フェノールとホルマリンによるレゾール型およびノボラック型の第一次樹脂の化学構造（初期縮合）やそれぞれの反応物の融点は明らかにされている。フェノールにホルマリンから生成するメチロール基が付加し、次いでフェノールと縮合する反応が繰り返されることよって高分子化する付加縮合反応が起こっている。レゾルシンとホルムアルデヒドの縮合反応も同様に進むと推定されるが、フェノールよりも反応は複雑である。

　レゾルシンとホルムアルデヒドとの反応を**図4.8**に示す。レゾルシンの場合は、メタ位に電子吸引性の水酸基が2つあるためフェノールと比べて非常に反応性に富み、図4.8に示すようにメチロール化が容易に起こる。レゾルシンとホル

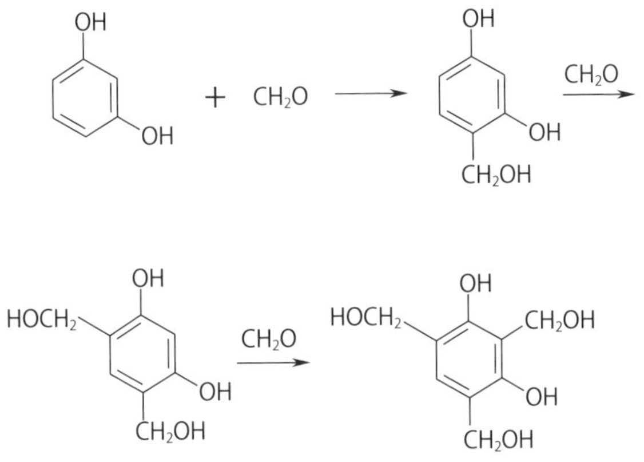

図4.8　レゾルシンのメチロール化反応

ムアルデヒドのモル比にもよるが、メチロール化は順次起こり、最終的にはトリメチロール化レゾルシンが生成する。しかし、モノ、ジおよびトリメチロール化レゾルシンの単離は難しく、すぐにレゾルシンと反応し、メチレン化が起こる。

　酸性触媒およびアルカリ触媒により形成する第一次樹脂は、フェノールとホルムアルデヒドの反応経緯と類似し、それぞれノボラック型とレゾール型を経るものと推定されるが、レゾルシンの反応がより複雑である。仙波らはレゾルシンとホルムアルデヒドの第一次樹脂（初期縮合物）の存在を研究した[28]。

　彼らは初期縮合物をテトラヒドロフランに溶解後、ただちに、GPC測定をした結果、図4.8に示したモノ、ジおよびトリメチロールの存在を認めている。

　これらのメチロール化レゾルシンは高い反応性のために、**図4.9**に示すように、逐次、次のステップに進んでいくと推定される。このようにレゾルシンとホルムアルデヒドは、塩基性触媒下で水溶性の初期縮合物を経て、図4.9に示すステップに進むと推定される。最終的にはレゾール型の硬化物を生成する。

　いずれにしても、水系RFL接着剤に配合されるレゾルシンとホルムアルデヒドの初期縮合物は、水可溶性を保持することが大事である。反応が進みすぎないようにレゾルシンとホルムアルデヒドの反応温度と時間を調整することが重要な理由である。

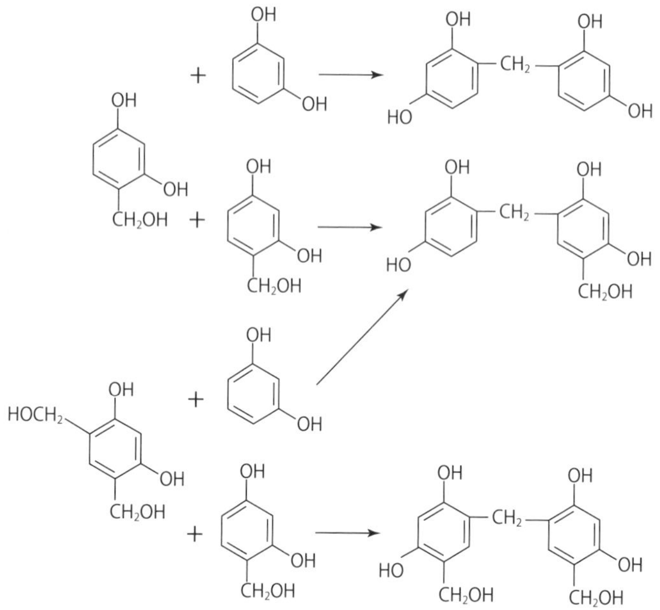

図4.9　メチロール化レゾルシンの反応

（2）RF樹脂とレーヨン繊維の反応

　水系RFL接着剤は、ゴムラテックス中にレゾルシン‐ホルムアルデヒド（RF）初期縮合物を配合することにより得られる。RF樹脂はフェノール性水酸基とメチロール基を有している。このため、水酸基（-OH）を有するレーヨン繊維に対して、水素結合による親和性もしくはメチロール基との反応が起こる可能性があることは容易に推定がつく。

　RF樹脂とレーヨン繊維の反応を**図4.10**に示した。RF樹脂のメチロール基とレーヨン繊維の水酸基が反応する、もしくは水素結合などで相互作用し、親和性を示すと推定される。膨潤による非晶部への接着剤の拡散も接着性に対する影響が大きいと推察する。

　また、レーヨン繊維およびナイロン繊維の公定水分率は、それぞれ8%および4.5%と比較的高い数値となっている。水系RFL接着剤にこれらの繊維を浸漬すると両繊維とも、膨潤し、水系RFL接着剤が補強繊維の非晶部分へ含浸してい

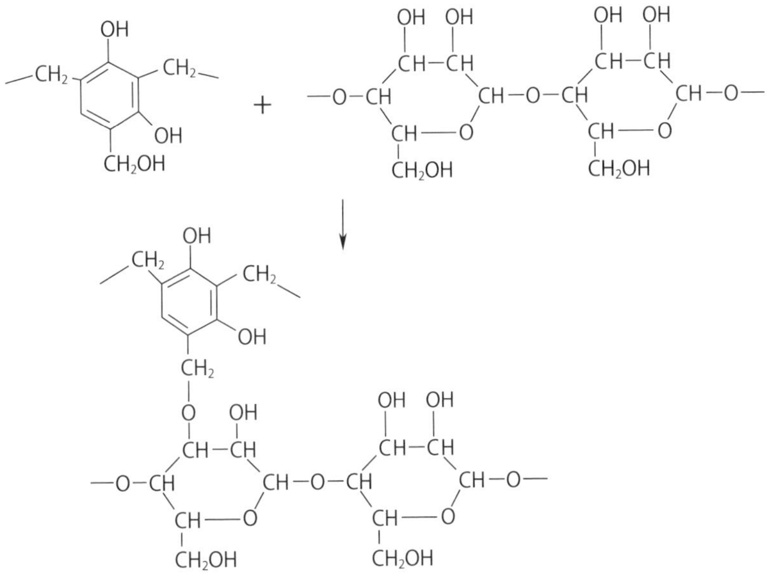

図4.10 RF樹脂とセルロース繊維の反応

く可能性があり、このことも接着に対して有利に働くと推定される。補強繊維の微細構造も接着性に影響を与える。

(3) RF樹脂とゴムラテックスの反応

天然ゴム（NR）ラテックス、ポリスチレン－ブタジエン共重合ゴム（SBR）ラテックスやポリスチレン－ブタジエン－ビニルピリジンゴム（VP）ラテックスに対するRF樹脂との相互作用（もしくは、反応）については、過去に多くの研究が行われている。**図4.11**はGreth, Hultzchらの提案した反応式であり、**図4.12**はVan der Meerの考え方である。いずれもメチレンキノンを経由する。

前者はゴムの二重結合と反応してクマロン構造を形成する。後者は、メチレンキノンがゴムの二重結合の隣の炭素と反応する。しかし、両者の反応の確たる証拠は無いようである。

(4) 水系RFL接着剤と繊維／ゴムとの相互作用

RF樹脂はレーヨン繊維の活性基（OH基）と反応もしくは相互作用（水素結合など）により親和性を示すことは、これまでの記述からよく理解できる。ゴム

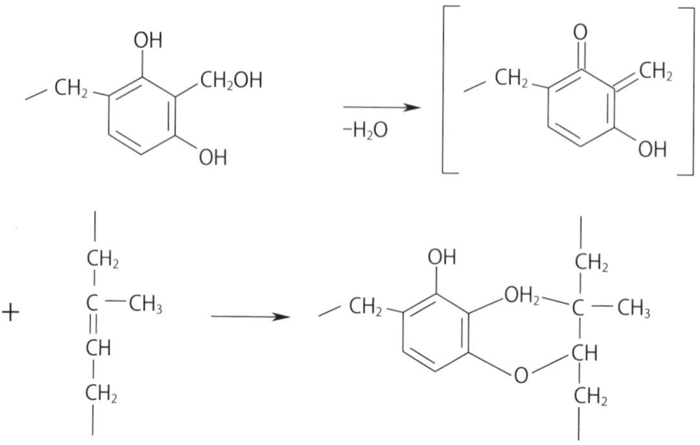

図4.11　Greth, Hultzch らの RF 樹脂とゴムとの反応

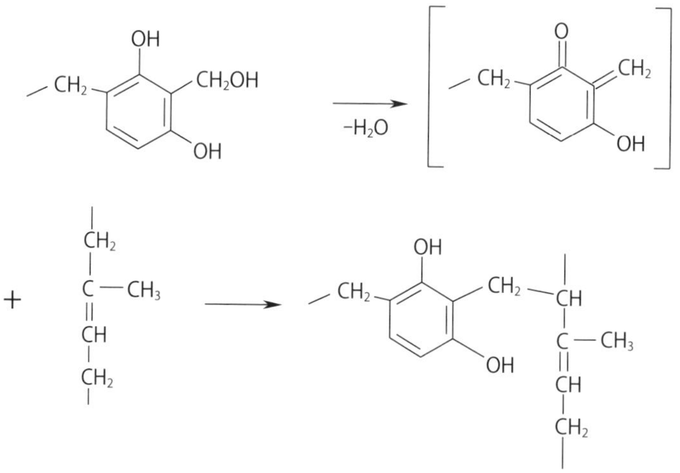

図4.12　Van der Meer による RF 樹脂とゴムとの反応

　ラテックスとの相互作用については、Greth, Hultzch や Van der Meer による反応機構が提案された。ゴムラテックスには、分子構造中にジエン系二重結合が含まれているので、被着体ゴムの二重結合との共加硫は予想できる。さらに、接着剤層を形成する RFL の RF 縮合物とゴムラテックスは図4.11 および図4.12 の反応

に加えて、相互に絡み合う（エンタングルメント）ことも可能性がある。ゴムラテックスはRF樹脂によりに補強され、より凝集力を高めることが推察される。

　以上、上野の学位論文や松井らの総説を引用して、反応機構（接着機構）を説明した。しかし、新たな研究結果が見られないのが現状である。

　水系RFL接着技術は、すでにゴムと繊維の接着技術として80年以上の長い歴史を持っているにもかかわらず、まだまだ分からないことが多い。ただし、表面が活性なレーヨン繊維、後述のナイロン繊維と汎用ゴムに対しては、きわめて高レベルな接着性が得られ、実用性能上なんら問題は無い。

　水系RFL接着剤は、今後も引き続き水系接着技術の代表として使われ続けると推定されるが、近年は構成成分であるレゾルシン（R）ホルムアルデヒド（F）の毒性が懸念されるようになり、RF代替接着技術の出現が望まれている。このことについて後の章で触れる。繊維メーカー、タイヤメーカーや加工メーカーも研究をしていると推定され、さらなる研究の進展が期待される。

4.1.4　まとめ

　レーヨン補強繊維の製法、物性、接着技術について、開発経緯を含めて説明してきた。レーヨン繊維は寸法安定性、耐熱性や接着性など優れた性能を有しているが、低強度、水分の影響など課題も多く、メインの補強繊維にはなり得ていないが、欧州では、乗用車用ラジアルタイヤのカーカス材として使われている。また、地球環境に優しい木材を原料としており、国内では一定の需要量もある。レーヨン繊維用接着剤として開発された水系RFL接着剤は、他の補強繊維用接着剤として汎用化され、今後も使い続けられると推察される。ただし、RF樹脂の健康に与える懸念があるため、水系RFL接着剤を代替するRFフリー接着剤の開発が進んでおり、今後の進展が注目される。

【引用文献】

1）Samuel Clark；「Mechanics of Pneumatic Tires」National Bureau of Standards monograph, p220〜221（1971）
2）JATMAタイヤ5千年の歴史；Ahttp://www.jatma.or.jp/tyre5000/

3) 伊藤光二；繊維学会誌, **20**(7), S101〜S102（1964）

4) 稲田則夫；繊維学会誌, **64**(9), p283〜286（2008）

5) JATMA統計データ；http://www.jatma.or.jp/toukei/

6) 繊維学会編；「やさしい繊維の基礎知識」（日刊工業新聞社）, p11〜13（2004）

7) 加藤哲也；「やさしい産業用繊維の基礎知識」（日刊工業新聞社）, p36〜37（2011）

8) 日本化学繊維協会；「繊維ハンドブック2022」（日本化学繊維協会資料頒布会）, p278〜279（2022）

9) 秦　英雄；日本ゴム協会誌, **32**(5), p-349〜354（1959）

10) 伊藤光二；繊維学会誌, **20**(7), p-S101〜S107（1964）

11) CORDENKA社カタログ；http://www.cordenka.com/en/products/cordenka-rayon/

12) ウェイアーヒューサー・カンパニー；特許第401852

13) ヒョンスング コーポレーション；特開2007-297760

14) 加藤哲也；「やさしい産業用繊維の基礎知識」（日刊工業新聞社）, p-36（2011）

15) CORDENKA技術資料；筆者作表

16) CORDENKA技術資料；筆者作表

http://www.cordenka.com/en/products/fabrics-and-cords/

17) 日本ゴム協会編；「新ゴム技術入門」（日本ゴム協会）, p310（1972）

18) 占部誠亮；接着, **10**(7), p-445（1966）

19) 松井醇一, 土岐正道, 清水寿雄；日本接着協会誌, **8**(1), p26-43（1972）

20) 毛利充邦, 藤井　博;繊維機械学会誌, **40**(12), p656〜668（1989）

21) 住友化学工業HP；https://www.sumitomo-chem.co.jp/products/detail/c02001.html

22) SUMITOMO CHEMICALS ADVANCED TECHNOLOGIES HP；https://www.sumikamaterials.com/penacolite-resins/

23) 住友ノーガタック（日本エイアンドエル）技術資料

24) 武山高之, 土岐正路；日本ゴム協会誌, **45**(11), p953〜956（1972）

25) 上野健藏；学位論文「ビニルピリジンラテックスに関する研究」, p442〜445（1964）

26) 舘野紀昭；日本ゴム協会誌, **45**(10), 911〜919（1972）

27) 井本　稔, 宇野敬吉；「重付加と付加重合」（化学同人）, p139-200（1972）

28) 仙波俊裕, 柘植盛男；熱硬化性樹脂, p79-86（1985）

4.2) ナイロン繊維

　合成繊維のナイロン繊維はレーヨン繊維の後継として登場した。脂肪族ポリアミド繊維であるナイロン繊維はレーヨン繊維と比べて強度が高く、耐衝撃性、耐疲労性が良好であり、さらにアミド結合（-NHCO-）、末端アミノ基（-NH$_2$）、カルボキシ基（-COOH）などの官能基を持ち、接着に対して有利な化学構造を有している。そのため、短期間でレーヨン繊維の代替となり、メインのゴム補強用繊維に成長した。

　高強度に特徴があるナイロン繊維を使用したタイヤは1942年に出現した[1]。ナイロン66繊維補強タイヤは欧米が主流であったが、国内ではナイロン6繊維が主としてバイヤスタイヤ用補強繊維として使われてきた。最近ではナイロン66繊維も使用されている。

　ナイロン繊維は高強度、耐衝撃性や耐疲労性に優れ、バイヤスタイヤのカーカス材として主要な位置を占めてきた。しかし、水分の影響が大きいこと、熱収縮率が大きいことや弾性率が低いことがタイヤ成形時の寸法安定性やタイヤの操縦性を悪くする。そのため、加硫後、ポストキュアインフレーション（加硫後、放冷中にコード収縮を防ぐため、加硫直後にタイヤ内にタイヤ使用時程度の内圧を充填し、所定の温度に下がるまで放置する操作）が行われる。

　また、ナイロン6繊維および66繊維のいずれも2次移転点（ガラス転移点Tg）は45～50℃と低いため、フラットスポット（長時間走行後、高温になったタイヤに荷重をかけたまま停止させておくとタイヤ接地面が平たんになる現象）が発生し、次の走行スタート時の乗り心地不良（スムースにスタートしない）を起こす。

　こうした課題を解決するため、分子間架橋、耐熱老化防止剤の添加さらには他の繊維とのブレンドなど、種々の改良が試みられてきた[2]が、ナイロン繊維の課題の改良は難しく、乗用車タイヤの補強繊維として後述のPET繊維に代替して

いった。タイヤの形状がバイヤスタイヤからラジアルタイヤへ代替したことも需要量減少の大きな要因となった。

　しかし、ナイロン繊維は高負荷のかかるトラック・バスタイヤのカーカス材や航空機のタイヤには現在も使われ続けている。ナイロン繊維は需要量の減少傾向は見られるものの耐疲労性が良好であり、高荷重がかかる航空機タイヤ、トラック・バスタイヤのカーカス材料として現在もメインの素材として適用されている。今後も一定の需要量は継続するものと推定される。

　さらに、最近のラジアルタイヤはスチールベルトの外層部に、スチールコードとゴムの高速走行時の剥離やトレッド部のせり出しを防止する役割を果たすキャッププライと呼ばれるコードが配置されている。このコードにはナイロン66繊維やアラミド／ナイロン66繊維のハイブリッドコードが使われている[3]。ナイロン66繊維は水分の吸収により、物性が変化しやすいため、十分な水分管理が必要である[4]。国内のナイロン繊維消費量は14,335トン（2023年）である[5]。

4.2.1　ナイロン繊維の製造方法

ナイロン繊維用ポリマー

　1935年、デュポンのカロザースによって発明されたナイロン繊維は、脂肪族ジカルボン酸と脂肪族ジアミンを重縮合して得られる脂肪族ポリアミドである。1938年にデュポンにより最初の合成繊維として企業化された。デュポンが企業化したのは、ヘキサメチレンジアミンとアジピン酸を重縮合して得られるナイロン66繊維である。

　国内では、帝人（1963年）、鐘紡（1963年）などの合成繊維メーカーがε-カプロラクタムを開環重合したナイロン6繊維を企業化した[6]。国内のナイロン66繊維は、東レと旭化成が事業化している[7]。それぞれの合成法を**図4.13**、および**図4.14**に示した。

　ゴム補強用ナイロン繊維は高強度が要求されるために高重合度のポリマーが使われる。種々の重合度法があるが、熱溶融重合法や熱融合重合・固相重合法により製造されている[8]。また、高温・高湿の条件下の安定性や酸化、光に対する安定性を保持するために銅化合物、ヒンダードフェノール系酸化防止剤や各種光安

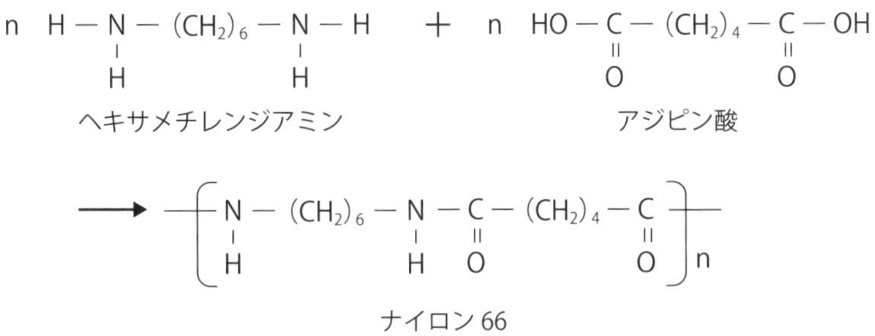
n H－N－(CH2)6－N－H ＋ n HO－C－(CH2)4－C－OH
H H O O
ヘキサメチレンジアミン
アジピン酸
N－(CH2)6－N－C－(CH2)4－C
H H O O n
ナイロン66

図4.13　ナイロン66繊維の合成法

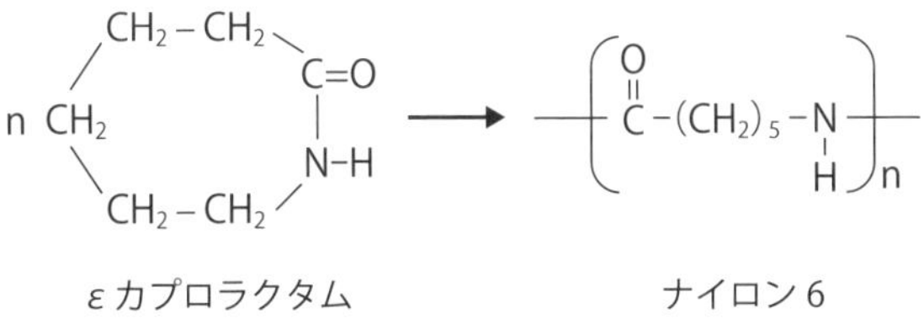
CH2－CH2
C=O
n CH2
N-H
CH2－CH2
O
C-(CH2)5-N
H n
εカプロラクタム
ナイロン6

図4.14　ナイロン6繊維の合成法

定剤剤や紫外線吸収剤が添加される[9)]。添加剤の種類や具体的な添加量はメーカーのノウハウになっていると推察される。

ナイロン繊維の製糸法

ナイロン繊維はナイロンポリマーを所定の紡糸条件で繊維化して作られる。一般的には、溶融紡糸法が実施されている。以前は紡糸と延伸が別々の工程で実施されていたが、後述のポリエステル（PET）繊維と同様に、直接紡糸延伸法（直延法、ワンステップ法）によって製糸されるようになった[8)]。最近では生産性を高めるために高速紡糸方式（5000m/分以上）が実施されている[10)]。製糸法の詳細も繊維メーカーのノウハウになっていると推察されるが、産業用繊維はタイヤヤーンを含めて高強度、耐熱性および耐候性などが要求されるために、高重合度のポリマーが使用され、紡糸後、高倍率で延伸され、熱固定される[10)]。**表4.5**にタイヤコード用ナイロン繊維の物性をPET繊維と並列して示す[11)]。ナイロン6およびナイロン66繊維ともに、PET繊維と比べて高強度・高伸度、低弾性率および高熱収縮率であることがわかる。これらの物性の特徴により、ナイロン繊維は

表4.5　タイヤコード用ナイロン繊維の物性[11]

	単位	ナイロン6	ナイロン66	PET
密度	g/cm^3	1.14	1.14	1.38〜1.41
繊維強度	g/de	10.5	10.5	8.8〜9.6
	GPa	1.1	1.1	1.10〜1.17
繊維弾性率	g/de	37	38	120〜150
	Gpa	3.7	3.8	14.6〜18.5
切断伸度	GPa	23	22	11〜15
ガラス転移温度	℃	50	50	67
融点	℃	223	265	260
熱収縮率（160℃）	%	8.5	8.5	8〜12
吸水率	%	4.5	4.0〜4.5	0.4

注）引用文献[11]表3および表5から抜粋筆者作表

バイヤスタイヤのカーカス材に適用され、高弾性率、低熱収縮率が要求されるラジアルタイヤには適用されない。

4.2.2　ナイロン繊維の接着技術

ナイロン繊維の接着処方

　文献によると、ナイロン繊維織布とゴムの接着技術の例として、天然ゴム糊にイソシアネートを混合した接着剤を適用する溶剤系接着剤処理[12]が見られる。しかし、ナイロン66繊維およびナイロン6繊維は、それぞれ図4.13、図4.14から明らかなように、アミド結合（-NHCO-）を繰り返す化学構造を有しており、末端基はカルボキシ基（-COOH）やアミノ基（-NH$_2$）である。また、公定水分率も高く、水分に対して容易に膨潤する特徴もある。これらはレーヨン繊維と同様に接着にとってはきわめて有利である。そのため、これまでのレーヨン繊維タイヤコード用として開発された水系RFL接着技術の組成を最適化して、ナイロン繊維用接着剤としてそのまま適用できる。

　表4.6に一例として、基本配合の水系RFL接着剤組成を示す[13]。レーヨン繊維

表4.6　ナイロン繊維コード処理液の基本配合[13)]

	成分	重量配合量	固形分
RF液	レゾルシン	11.0	11.0
	ホルマリン（35%）	16.2	6.0
	苛性ソーダ（10%）	3.0	0.3
	軟水	238.5	0
合計	固形分（6.5%）	266.0	17.3
RFL液	RF液	266.0	17.3
	VPラテックス（41%）	195.1	80.0
	SBRラテックス（41%）	47.6	20.0
	軟水	143.0	0
合計	固形分（20%）	651.7	117.3

注）・RFL組成：R/F＝1/2（モル比），RF/L＝1/5.8（重量比），VP/SBR＝8/2（重量比）
　　・接着剤濃度：18%
　　・RF液の熟成：20〜25℃×6時間，RFL液の熟成：20〜25℃×24〜48時間

タイヤコード用水系RFL接着剤の処方に対して、ナイロン繊維タイヤコード用水系RFL接着剤は、ゴムラテックスとしてVPラテックスを配合している点が特徴的である。接着剤調液はレーヨン繊維タイヤコードに準じて実施する。詳細は、4.1の水系RFL接着剤の開発を参照されたい。最適な水系RFL接着剤の配合組成が加工メーカーのノウハウになっているのは、レーヨン繊維の場合と同様である。

VPラテックスの開発

　水系RFL接着剤に配合されるゴムラテックスは、天然ゴムラテックスやスチレン・ブタジエン共重合体（SBR：スチレンおよびブタジエンの共重合重量比率3：7）ゴムラテックスが配合されてきた。その後、Mightonが1951年に、さらなる高接着力を得ることができるゴムラテックスとしてVPラテックスを開発した[14)]。VPラテックスはブタジエン、スチレンおよび2-ビニルピリジンを重量比70：15：15の比率で共重合（乳化重合）させたものである。VPラテックスは画期的な開発であると筆者は考えている。

共重合モノマーである2-ビニルピリジンに含まれる窒素原子の極性が、フェノール性水酸基（-OH）やメチロール基（-CH$_2$OH）など極性基を多く有するRF樹脂やナイロン繊維に対する相互効果にVPラテックスが影響し、ナイロン繊維に対して良好な浸透性を発揮する。このことが接着力の向上する理由の一つと推定されている[14]。レーヨン繊維に対してもVPラテックスは接着改良効果を発揮する。

　VPラテックスは多くのゴムラテックス製造企業（たとえば、日本ゼオン、JSR、日本エイアンドエルなど）が市販している[15]。水系RFL接着剤のゴムラテックス成分は現在、VPラテックス単独もしくはSBRラテックスなどと混合して使用することが多い。

ナイロン繊維と水系RFL接着技術との反応機構[16]

　水系RFL接着剤がナイロン繊維に対しても接着性が良好な理由は、**図4.15**に示すように、ナイロン繊維のアミド結合と水系RFL接着剤のRF樹脂中のメチロール基やフェノール性水酸基と相互作用（反応）するためと考えられる。

　また、ナイロン繊維はレーヨン繊維より水分率が低いが、水に対して膨潤し、水系RFL接着剤がナイロン繊維の非晶部に拡散していく可能性もある。

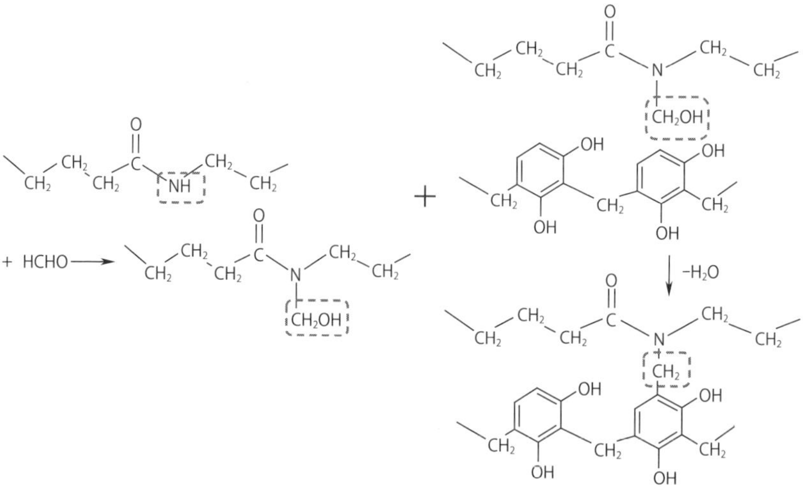

図4.15　ナイロン繊維とRF樹脂の相互作用

このことも高接着を示す一因であると推察される。RF樹脂のメチロール基の反応性と、水素結合などの物理的な相互作用も推定される。配合されたゴムラテックスに対してRF樹脂が絡み合いで強化する役割もあり、RFLとしての凝集力を高める役割を果たしているとも推定される。

図4.16にナイロン繊維-RFL-ゴムとの相互作用を示した。筆者もこの反応機構であろうと推察している。

接着処理時に処理コード物性を最適化させるために、熱処理条件（含硬化ゾーン内でコードの伸長および緩和率）の設定はきわめて重要である。接着処理条件は各社のノウハウになっている。

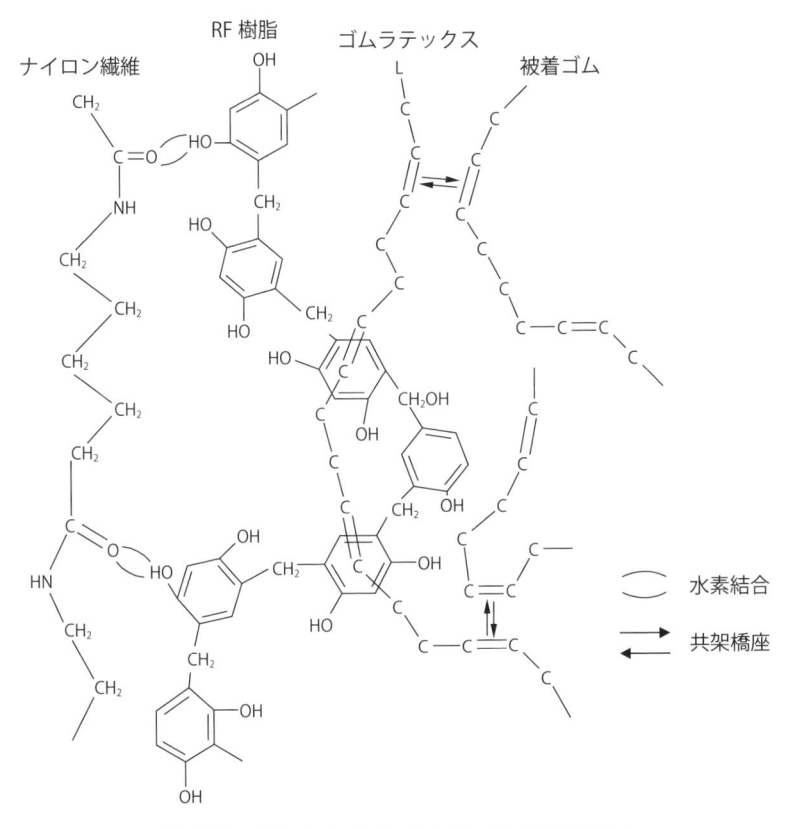

図4.16　RFLとナイロン繊維とゴムの相互作用

4.2.3 まとめ

　本節では、ナイロン繊維の状況や製造法を概説し、接着技術を述べた。ナイロン繊維にはナイロン6繊維およびナイロン66繊維の2種があり、優れた強度や耐久性を有し、接着にとっても有利な活性な表面を有する。また、ナイロン繊維は耐疲労性および接着性も優れており、バイヤスタイヤのカーカス材料としてレーヨン繊維を代替して、確固たる地位を占めてきた。

　しかし、その後、開発された寸法安定性の良好なPET繊維の登場により、ナイロン繊維の需要量は減少した。ただし、航空機タイヤやトラック・バス用バイヤスタイヤのカーカス材料としてはきわめて優れた性能を有している。また、ナイロン繊維はレーヨン繊維と同様に繊維表面が活性であり、レーヨン繊維用として開発された水系RFL接着剤やVPラテックスを併用した組成を最適化してそのまま使えることは、ゴムとの接着に関しては、きわめて有利でもある。

　今後も特長を生かしながら、優れたナイロンの性能を活用して、一定の需要量を維持しながらゴム補強繊維として使い続けられると推察される。

【引用文献】
1)（一社）日本自動車タイヤ協会（JATMA）https://www.jatma.or.jp/tyre_user/historyoftyres.html
2) 向山鋭次, 武山高之；高分子, **27**(190), p14〜30（1968）
3) 稲田則夫；繊維学会誌, **64**(9), p283〜286（2008）
4) 川崎清人；繊維機械学会誌, **56**(8), p333〜338（2003）
5)（一社）日本自動車タイヤ協会（JATMA）https://www.jatma.or.jp/php_script/download_stat_docs.php?file_path=%27c3RhdGlzdGljy8lL2dlbmVyYWwwvNF8yMDIxXzEyLnBkZg==%27
6) 繊維学会編著；「やさしい繊維の基礎知識」（日刊工業新聞社）, p59（2004）
7) https://1nav.net/pa-supplier/
8) 繊維学会編；「繊維便覧」（丸善株式会社）, p167〜171（2004）
9) たとえば　特開2009-235647（東レ）
10) 永安直人；繊維学会誌, **56**(7), p198〜201（2000）
11) 矢吹和之；日本ゴム協会誌**63**(11), p685〜693（1990）
12) 日本ゴム協会編；「新ゴム技術入門」（日本ゴム協会）, p306〜307（1967）

13) 住友ノーガタック（日本エイアンドエル；技術資料
（https://www.nagasechemtex.co.jp/products/catalog/pdf/denabond.pdf）

14) 田中栄一，紺野諒二；日本ゴム協会誌，**36**(2)，p137～139（1963）

15) たとえば、日本ゼオンラテックス一覧表（https://www.zeon.co.jp/business/enterprise/latex/pdf/2208.pdf），日本エイアンドエル製ピラテックス（https://www.n-al.co.jp/latex/latex_pyra/）

16) 松井醇一，土岐正道，清水寿雄；日本接着協会誌，**8**(1)，P29～30（1972）

4.3 PET 繊維

　ポリエチレンテレフタレート（PET）繊維は英国のCalico Printers' Assn社のWhinfieldとDicksonよって発明された。1946年に特許が成立し、その後、1955年、英国のICI（Imperial Chemical Industries）、1953年、米国のデュポンがそれぞれ操業化した。日本では1957年、ICIと東レと帝人がライセンス契約を締結して、1958年に両社は共同商標「テトロン®」のもとに操業化した。その後、国内の繊維メーカーが多く参入した[1]。

　PET繊維は表面が不活性であり、染色しにくいなどの欠点もあったが、物理的、化学的性質のバランスが取れ、合成繊維のなかでもっとも優れた繊維と位置付けられている。また、コストパフォーマンスも良好であり、ポリマー、紡糸、延伸および後加工に関して、種々の工夫・改良が行われ、ナイロン繊維、アクリル繊維と並び、もっとも汎用的な衣料用、産業資材用繊維として多くの用途に展開されている。

　PET繊維がゴム補強繊維のメイン繊維として成長してきた理由は、力学的性能だけではなく、ゴム補強繊維としてもっとも重要な性能である接着に関する技術確立ができたからと考える。

　本節では、PET繊維の製糸法および最大の課題であった接着技術の開発について詳細に説明する。

4.3.1 PET繊維の製造方法

PET繊維用ポリマー

PET繊維はジカルボン酸成分であるテレフタール酸（TA）もしくはテレフタール酸ジメチル（DMT）と、ジオール成分としてエチレングリコール（EG）を触媒の存在下で結合させて得られる重縮合物（ポリマー）を繊維化したものである。エステル成分として、テレフタール酸を用いる重合法は直重法（直接重合法もしくは直接エステル化法）と言われ、テレフタール酸ジメチル（DMT）を用いる重合法はエステル交換法と言われる。最近では、ほとんど前者の直重法が採用されている。**図4.17**にポリエステル繊維の化学反応式と化学構造を示す[2]。

PET重縮合反応の触媒については多くの特許、報告があるが、一般的には、アンチモン（Sb）、ゲルマニウム（Ge）、チタン（Ti）およびスズ（Sb）化合物などを、目的によって使い分けている[3]。

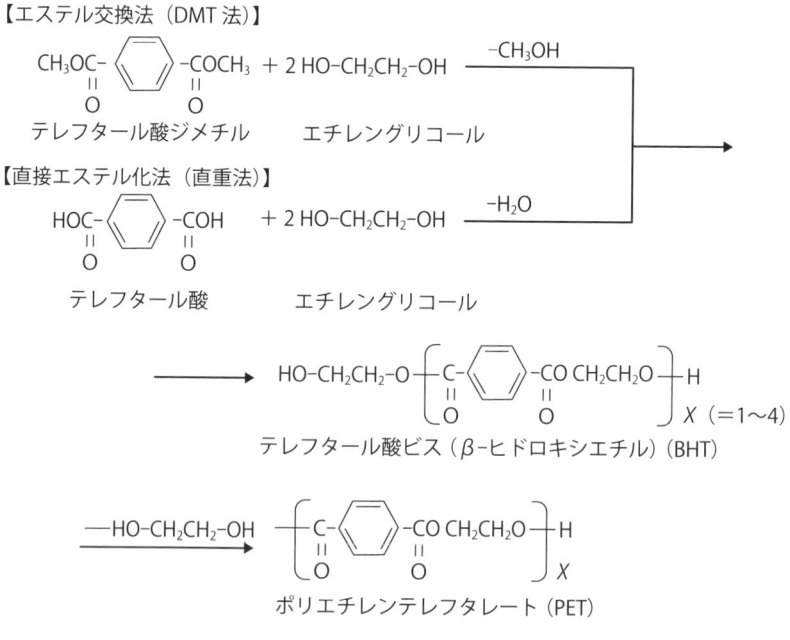

図4.17　ポリエチレンテレフタレート（PET）の反応式[2]

　産業用途に使われるPET繊維は高強度が要求されるため、重合度の目安とされる固有粘度 [η] 0.7〜1.2の高重合度品が使用される[4]。しかし、溶融重合法では重縮合反応と同時に熱分解反応が競争的に起こるため、重合反応が進まなくなり、高重合PETを得ることが難しい。一方、PET重縮合反応の平衡定数は低温ほど大きく、固相状態の重縮合反応によって溶融重縮合反応では得られないような高重合度PETを得られる。固相重合は溶融重縮合装置で得たポリマーを融点以下の温度（200〜230℃）に加熱し、生成する水、エチレングリコールを系外に除去することによって進行する。

　固相重合によって得られる重合度は衣料用PET繊維に使用される数平均重合度に比較して、きわめて大きい。この固相重合工程は、産業用繊維、特にPETタイヤコードに適用するにはきわめて重要である。参考のために**表4.7**に各種PETの数平均重合を示す[4]。

PET繊維の製糸方法

　PET繊維はナイロン繊維と同様に溶融紡糸によって製造される。これまで①紡糸工程と延伸工程を分ける別延法、②紡糸工程と延伸工程を連続で実施する直接紡糸延伸方法（直延法）、さらに、最近では、③紡糸速度を高速化（3〜4km/分）し延伸する高速紡糸法が順次開発されてきた。

　このように製糸方法が変遷してきた理由は、工程合理化や生産性を高めるためである。高速紡糸による物性の変化も詳しく研究されている[5]。このような技術革新は、巻取り機など設備改良も大きく寄与している。現在では、PET繊維はほとんど高速紡糸法によって製造されている。また、高速紡糸の多様化によって、種々の性能を持ったPET繊維が得られている。PET繊維の紡糸法の詳細に

表4.7　PETの数平均重合[4]

[η]（固有粘度）	0.37	0.63	0.86	1.07
DP（平均重合度）	52	104	156	208
MW（数平均分子量）	10000	20000	30000	40000
全末端基数（当量/10^6g）	200	100	67	50

ついては、多くの成書が発行されているため、詳細はそれらを参照されたい[3),5)]。

　産業用PET繊維は、高重合度ポリマーを用いて同様の製糸法を用いて生産されている。乗用車用PET繊維補強タイヤの出現は1962年ごろと言われる[6)]が、第2章の図2.1および2.2から分かるように、米国では1960年代後半、日本では1970年代に本格的に使用されるようになってきた。PET繊維は、ナイロン繊維と比べて、強度は若干劣るが、寸法安定性（高弾性率、低乾熱収縮率）が良好であり、コスト、性能もバランスが取れている。タイヤ形状がバイヤスタイヤからラジアルタイヤに代替されたことも加わって、乗用車タイヤのメイン素材に成長した。ゴム補強繊維は高強度が要求されるため、PET繊維に関しても、高重合度ポリマーを用いて、多くの製糸法が研究されてきた。しかし残念ながら、ナイロン繊維を凌駕する製糸法はいまだ実用化されていない。

(1) タイヤコード用PET繊維の製糸の考え方（従来の考え方）

　乗用車用のラジアルタイヤは性能としてユニフォミティ（タイヤ形状安定性）が要求される。ゴム補強繊維であるPET繊維に求められる具体的な物性は低乾熱収縮、高弾性率、すなわち寸法安定性である。

　これまでの製糸法は、できるだけ低紡糸速度で結晶性、配向性の低い未延伸糸を作り、その後、高倍率で延伸し、高強度を達成するものであった。この考え方はデュポン社の特許に見られる考え方[7)]である。しかし、この方法では乾熱収縮が大きくなり、寸法安定性を改良できない。このため、接着剤を付着させる接着処理工程で接着剤を硬化させる際に高温をかけ、同時に繊維に与える張力を調節することによって寸法安定性を改良する方法が行われてきた。寸法安定性を向上させるには、接着処理時に高温で熱セットを十分に効かせる必要がある。この方法では強度が低下の傾向を示す。**図4.18**に撚糸コードの処理温度の変更による寸法安定性（概念図　乾熱収縮：乾収と荷重伸度：弾性率を代替）の変化をモデル的に示した。

　確かに高温で処理することにより、コードは熱セットされ、乾熱収縮と荷重伸度は低下し、寸法安定性は改良されるが、強度が低下する。強度および寸法安定性のつり合いをとることは難しいとわかる。

　また、PETポリマーの重合度を下げることによって、寸法安定性を調節する

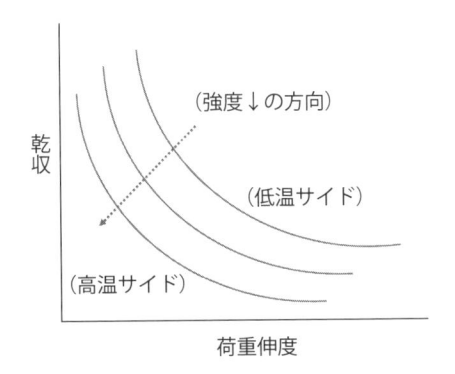

図4.18　熱処理温度と寸法安定性

方法も実施されてきた。この方法では寸法安定性が改良されるが、強度が低下し、耐疲労性は不十分になる[8]。

(2) ヘキストセラニーズ社の考え方

　これに対して、ヘキストセラニーズ社は、PET繊維の寸法安定性を改良するため、従来とまったく異なる画期的なPET繊維の製糸方法を開発した[5],[7]。

　この製糸方法は、高重合度の溶融したPETポリマーを高張力下で高速紡糸を行って得られた低結晶性、高配向性の未延伸糸（POY糸：中間配向糸）を低倍率で延伸するものである。この紡糸方法により、比較的高強度で耐熱性（低熱収縮率）が良好であり、耐疲労性が改善された原糸が得られる。

　表4.8に従来の（1）の考え方によるデュポンの製糸方式によって得られたPET繊維と比較した微細構造および物性を示す。表から明らかなように、製糸方式の違いにより、微細構造や物性がかなり異なることがわかる。ヘキストセラニーズ社が開発した製糸方式によりPET繊維の寸法安定性が改良される理由は、従来の紡糸法に比較して非晶配向が低く、長周期が短いためである。強度はやや低いが、非晶領域の分子鎖の拘束性が下がり、低乾収や低仕事損失に結びつき、発熱性の低下に寄与することによると考えられている。確かに、タイヤコードの疲労性を評価するGYマロリーチューブテストによる疲労テストにおいて、従来法に対してチューブの表面温度が28℃低下し、疲労寿命も5〜10倍になり、良好であったことが報告されている[5],[7]。

表4.8　タイヤ用PET繊維の製糸方式と構造および物性[5),7)]

	項目	Du Pont 特公昭41-7892	H-Celanese 特公昭63-528
製糸	口金下雰囲気	加熱筒（375℃）	硬化域（室温）
	冷却	［通常］	均一
	張力（g/d）	0.0026	0.076
	紡糸速度（m/分）	228	1300
	延伸倍率（倍）	6.25	2.52
物性・構造	UD糸　Δn（ー）	0.0005	0.038
	強度（g/d）	9.6	8.8
	伸度（%）	15.6	6.8
	乾収（%）	（14）	5.0
	4.5kg荷伸（%）	（6.3）	6.1
	仕事損失（in-lb）	（0.09）	0.014
	安定性指数	（0.8）	14.1
	引張指数（g/d）	（1250）	1148
	非晶配向（ー）	（0.6↑）	0.56
	長周期（Å）	180	140

注）安定性指数＝1/(仕事損失×175℃乾収)、引張指数＝強度×弾性率　（　）内：概略推定値

　その後、国内の東レ、帝人などの合繊メーカーによってこの考え方に基づいたPET繊維が開発され、現在では、産業用PET繊維はほとんど全てこの製糸方式で製造されている。この原糸はハイモジュラス・低収縮PET糸、HMLS-PET糸[9)]もしくはHL-PET糸と言われている。産業用PET繊維の画期的な開発と言える。

　画期的なタイヤコード用HMLS-PET糸は、メインの産業用PET原糸として成長してきたが、年々国内の生産量は減少し、海外、特に中国の生産量が多くなっている[10)]。

4.3.2 PET繊維の接着技術

PET繊維に対する接着剤開発の考え方

　レーヨン繊維およびナイロン繊維用に対して汎用的に使用されている水系RFL接着剤は天然ゴム（NR）、スチレンブタジエンゴム（SBR）などの汎用性ゴム配合物に対して親和性を持つ。それと同時に、レーヨン繊維やナイロン繊維が有する活性基（すなわち、-OH、-NH₂、-NHOH-など）と相互作用（反応）することにより、優れた接着性を示す。

　PET繊維は水系接着剤RFLに対する親和性が乏しく、マトリックスゴムとの接着性が低い。この理由について、PET繊維の化学構造や物理化学的な面から種々の解析研究が実施された。その結果を**表4.9**にまとめた[11]。

　表4.9から明らかなように、PET繊維の表面は化学的にも物理化学的にも不活性である。そのため、水系RFL接着剤に対する親和性が不十分となる。これらが接着性を発現しない原因と推定される。

　PET繊維の接着技術開発は、**表4.10**に示すように、汎用的に使われている水系RFL接着剤の改良やPET繊維表面の改質、もしくはPET繊維に対して親和性

表4.9　PET繊維の低接着原因[11]

	推定原因	内容
化学構造的	親水性不足	・ナイロン、レーヨン対比疎水性 ・RFLとの濡れ性不十分
	化学反応性欠如	・RF樹脂との反応性不可 ・ナイロン、レーヨンとの反応可
物理化学的	RFL相溶性不足	・溶解度指数違い（SP：σ） 　PET 10.3、ナイロン16.0、レゾルシン16.0
	エステル結合の 水素結合縮小 （－NHCO－，－OH）	<table><tr><td>モデル化合物</td><td>Δv O-D (cm^{-1})</td></tr><tr><td>CH$_3$CON(CH$_3$)$_2$</td><td>147</td></tr><tr><td>CH$_3$COOC$_2$H$_5$</td><td>51</td></tr></table> 注）重水素化メタノール（CH$_3$OD）　O-D伸縮振動の変化

（引用文献11を筆者 作表）

表4.10　PET繊維の表面改質および表面処理剤

方法	内容	具体的方法（例）
表面改質（変性）	PET繊維表面へ直接、RFL接着剤と相互作用（反応）する官能基の導入	・化学改質 ・物理改質
表面処理	PET繊維を親PET性および親RFL性表面処理剤で処理（被覆）	・化学処理 ・物理処理

を有する表面処理剤の探索から始まったと考えられる。

　また従来、レーヨン繊維やナイロン繊維用水系RFL接着剤は一浴接着処理機で実施されていた。PET繊維も一浴接着処理機をそのまま使用できればコスト的にも望ましく、一浴接着処理機で処理可能なPET繊維用水系改良RFL接着剤や親PET性成分添加水系RFL接着剤の開発が期待されていた。

　一方、最初にPET繊維に対する表面改質剤もしくは親PET性表面処理剤でPET繊維を処理し、次いで従来の水系RFL接着剤で処理する「二浴処理技術」も研究された。しかし、この接着処理方法を実施するためには、新たに二浴接着処理機の設置が必要となる。設備設置費用がかかり、接着処理コストが高くなる可能性があった。

　PET繊維の接着技術に関する研究開発は1960年代第後半から1970年代前半に精力的に行われ、多くの研究成果が論文、総説や特許などが報告されている[11]。PET繊維の接着技術に対しては課題も残っているが、すでに高い接着性を示すPET繊維用実用化接着技術が開発されている。

PET繊維用接着技術開発の経緯[11],[12]

　PET繊維用接着技術の開発経緯を**図4.19**に示した。図から明らかなように、PET繊維用接着基本技術は1980年ごろまでに開発されており、その後は改良技術の開発である。多くの特許も出願されている。不活性な繊維表面を改質する低温プラズマや紫外線処理など物理処理に関する研究は継続されていると推定されるが、革新的な接着技術は出現していない。

　PET繊維用接着技術開発は、汎用水系接着剤RFLに対して不活性なPET繊維表面を活性化する直接的な改質と、PET繊維に親和性（相互作用）を有する表

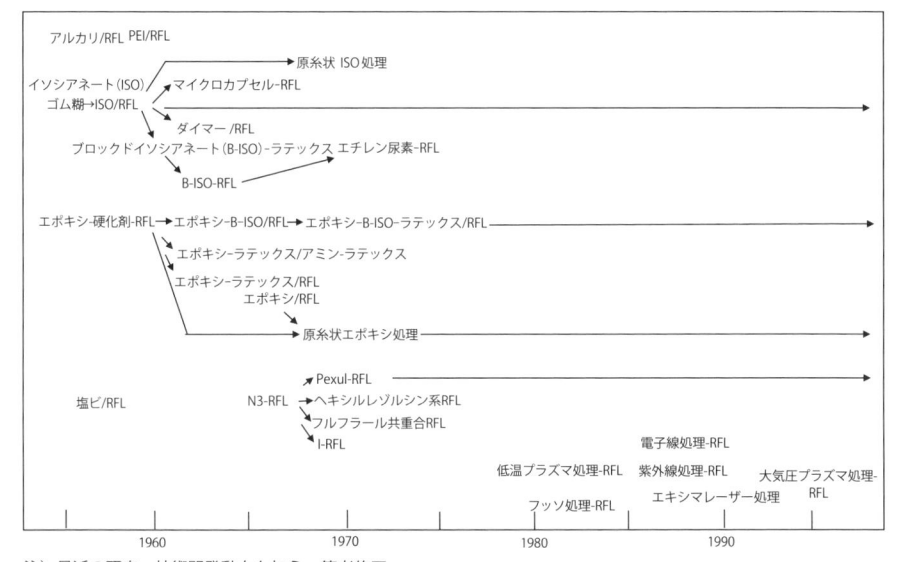

注）最近の研究・技術開発動向も加え、筆者修正

図4.19　PET繊維接着技術開発経緯[11]

面処理剤の探索から始まった。図4.19から明らかなように、PET繊維用接着技術は、下記4つの方法で実施されてきた。

① 化学的改質によるPET繊維表面活性化
② イソシアネート系化合物やエポキシ系化合物を含む表面処理剤探索
③ 物理的親和性を有する表面処理剤探索
④ 物理的手段による表面改質の研究

①から③の研究開発は、1975年ごろまで盛んに行われた。①のPET繊維を表面改質する技術は、ゴム補強繊維としての性能（たとえば、強力、接着処理後の繊維コード硬さ）が低下するため、実用化には至らなかった。また、④の低温プラズマ処理、紫外線処理および電子線処理などの研究は、現在も継続されていると推定されるが、物理処理法はいまだ実用化には至っていない。現在の接着処理技術は②および③が実用化され、使われ続けている。

なお、図4.19には記載していないが、水系RFL接着剤自体の改良も試みられている。それについは後述する。

　また、ゴム補強用PET繊維の接着技術開発に際しては、接着処理後、PET繊維の強度、弾性率、寸法安定性、耐疲労性などのゴム補強繊維物性を低下させないことが重要である。

　以下の節では親ゴム接着剤として水系RFL接着剤を使用することを前提に、PET繊維に対する表面改質、表面処理剤の研究・技術開発の内容および水系RFL接着剤の組成改良など、前出の松井らの総説[11]などの文献を引用して解説する[12]~[17]。

PET繊維表面の化学改質

　通常の水系RFL接着剤に対して、PET繊維の親和性を高めるためには、PET繊維表面に化学的な方法によりカルボキシ基（-COOH）、アミノ基（$-NH_2$）、水酸基（-OH）などの官能基を導入することが必要である。たとえば、苛性ソーダ存在下、PET繊維表面のエステル結合（-COO-）をアルカリ加水分解（-COO- ＋ アルカリ触媒 → -OH + -COOH）することにより、繊維表面に-COOH、-OHの導入が試みられた。また、ポリエチレンイミンのアミノリシスによるアミド基（-CONH-）、アミノ基（$-NH_2$）や水酸基（-OH）の導入も研究された。

$$-COO- \ + \ \text{─}(CH_2\text{-}CH_2\text{-}NH\text{─})_n \ \rightarrow \ -CONH\text{-}CH_2\text{-}CH_2- \ + \ HO\text{-}CH_2\text{-}CH_2-$$

　化学改質によってPET繊維表面に官能基が導入され、通常の水系RFL接着剤処理によりゴムとの接着性は向上した。このPET繊維表面改質は高温処理が必要であり、その影響でPET繊維の強力低下や接着処理後のPET繊維が硬くなることが欠点となり、ゴム補強繊維の表面改質法としては好ましくないことがわかった。また、PET繊維表面の加水分解やアミノリシスによる改質をコントロールすることも難しいため、この化学改質法は実用化されなかった。

PET繊維表面処理剤

　PET繊維の加水分解やアミン分解などの化学改質によって、導入されたPET繊維表面の官能基は水系RFL接着剤と親和性を有するようになるため、PET繊

維とゴムとの接着性を向上させられる。しかし、改質後にPET繊維コードの強力低下や硬化など、ゴム補強繊維として性能のバランスが悪くなる。そのため、PET繊維の強力を低下させず、PET繊維表面に対して物理的親和性（たとえば、水素結合、ファン・デル・ワールス力など）を有しつつ、水系RFL接着剤との反応性を有する表面処理剤の探索が行われた。

　これまで種々の表面処理剤が探索され、現在、表面処理剤として実用化されているのはイソシアネート化合物（溶剤系）と脂肪族エポキシ化合物（水系）である。図4.19に示したように、イソシアネート化合物およびエポキシ化合物による接着処理法の開発後、PET繊維に対して、熱処理による非晶部に吸着する内部収着性を有する処理剤が開発された。内部収着性を有する処理剤もPET繊維の表面処理剤に分類してもよいと考える。

　前者のエポキシ化合物やイソシアネート化合物は、水に接触するとイソシアネート基やエポキシ基などの活性基が失活する。また、ゲル化を起こすなど安定性が悪く、水系RFL接着剤に配合して処理ができないために、第一浴剤として処理後、二浴目に水系RFL接着剤で処理する。後者の内部収着剤は水系RFL接着剤と混合可能であり、一浴剤として単独でPET繊維に処理することも可能であるが、水系RFL接着剤に配合し、一浴接着処理が可能な接着剤として使用できる。

　これらのエポキシ化合物およびイソシアネート化合物などの表面処理剤はPET繊維と物理的親和性を有すると同時に、熱処理によって、重合硬化し凝集力が高くなる。内部収着剤は、PET繊維の非晶部に拡散し、水系RFL接着剤と相互作用（反応）することにより接着力を発現する。ここでは、両者を繊維表面重合硬化型接着技術と内部拡散型接着技術として区分する。

表面重合硬化型接着技術

　親PET性であり、親RFL性を示す表面重合硬化型処理剤の代表例はイソシアネート化合物およびエポキシ化合物である。以下、イソシアネート化合物の変性体を含めて紹介する。

（1）イソシアネート化合物

　PET繊維に対する有効な表面処理剤はイソシアネート化合物である。イソシ

アネート化合物は古くから被着体ゴムを溶剤に溶解したゴム糊の添加剤として広く使われてきた[18]。ただし、イソシアネート基（-NCO）が水と容易に反応するために、非極性の溶媒、たとえば、トルエンやキシレンなどに溶解して使用される。イソシアネート化合物には、脂肪族、脂環式および芳香族があるが、PET繊維用表面処理剤としては、たとえば、**図4.20**のジフェニルメタンジイソシアネート（MDI）、ポリフェニルポリイソシアネート（PAPI）などの2個以上のイソシアネート基を有する芳香族イソシアネートが代表例である。

　一般に、PET繊維をトルエンやキシレンなどの非極性溶剤に溶解したイソシアネート化合物（第一浴接着剤）で処理後、水系RFL接着剤（第二浴接着剤）で処理する二浴処理法の接着性は良好であるが、第一浴接着剤が溶剤であることがネック（防爆処理装置が必要、環境汚染など）となり、タイヤコード用PET繊維の接着処理法としては使われていない。

　溶剤系イソシアネート化合物はPET繊維コードに対する接着剤の含浸性が非常に良好であるために、伝動ベルト用PET繊維コード処理法として汎用的に使われていることはすでに述べた。耐ホツレ性（耐フレイ性）が優れたローエッジ伝動ベルトを得ることができる。しかし、イソシアネート化合物は溶剤系で使われるために、前述のように溶剤の爆発に対する安全性、環境面に課題があり、安全な代替技術（水系接着技術）の開発が期待されている。水系で利用するために、イソシアネート化合物のマイクロカプセル化や、トリレンジイソシアネートを二量化することによって、活性なイソシアネート基を保護することが試みられた。イソシアネート化合物のマイクロカプセル化は、水分散できる安定したカプセルの生成が難しいため実用化されていない。また、イソシアネート化合物の二

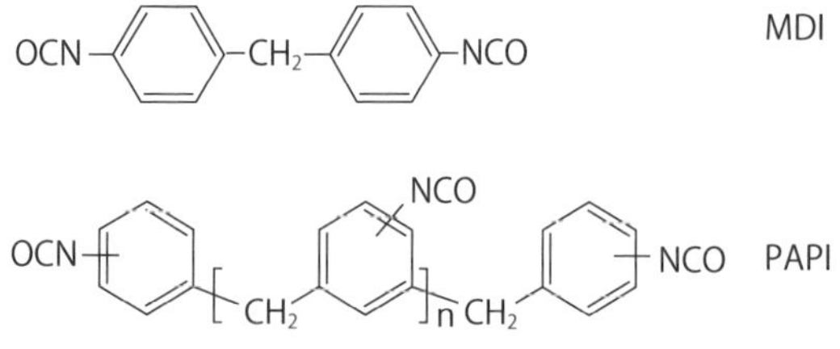

図4.20　表面処理剤のイソシアネート

量体も結晶性が高く、水に不溶であるので、分散剤を併用して水分散体を作成することが必要である。これらのイソシアネート化合物を水系RFL接着剤に混合して、PET繊維の一浴系接着剤として適用することも試みられたが、接着性能の著しい向上は見られず、実用化されていないようである。

　イソシアネート基をブロック剤で保護したイソシアネート変性体や、イソシアネート化合物エチレンイミン付加体（エチレン尿素）の合成が試みられた。

(2) イソシアネート変性体

①ブロックドイソシアネート

　イソシアネート化合物は反応性が高く、活性水素を有する化合物（たとえば、水やアルコールなど）と容易に反応するため、水系接着剤として使用することができない。しかし、イソシアネート化合物は、活性水素を有するブロック剤によってイソシアネート基を保護できる。**表4.11**に示したように、著名なブロック剤は酸性亜硫酸塩、フェノール、ラクタムやオキシムなど、活性水素を有する

表4.11　ブロックドイソシアネート[19]

ブロック剤	熱開裂温度（℃）
低級アルコール （メタノールなど）	180以上
フェノール	170〜180
脂肪族メルカプタン	170〜180
芳香族メルカプタン	160以上
青酸（HCN）	120〜130
第二級芳香族アミン （N-メチルアニリンなど）	170〜180
オキシム （メチルエチルケトオキシムなど）	160以上
活性エチレン化合物 （アセチルアセトンなど）	130〜140
ラクタム （ε-カプロラクタムなど）	160以上
重亜硫酸塩	50以上

化合物である[19]。これらのブロック剤はそれぞれ特有の解離温度を持っており、その温度に加熱することによってブロック剤が解離し、イソシアネート基を再生し、反応基として機能する。

　一般的にブロックドイソシアネート化合物は結晶性が高く、水に不溶である。そのため、水に分散剤を加えて機械的に細かく粉砕し、水分散体を作成して、PET繊維の表面処理剤として使用する。当初はボールミルを使って分散剤を併用して分散させていたが、粒径が大きく沈殿しやすいため、安定な水分散体を作成することが非常に難しかった。増粘剤を加えて、安定な水分散体を作成することも試みられた。

　その後、粉砕効率の良い粉砕機が開発され、現在では粒径が小さい粒度分布の良好な水分散体が生産されている。ジフェニルメタンジイソシアネート（MDI）の2つのイソシアネート基を、ブロック剤（ε カプロラクタムやメチルエチルケトオキシムなど）によってブロック化したブロックドMDIを、水分散体の代表例として挙げることができる。

　これらの水分散体は明成化学工業株式会社や第一工業製薬株式会社など多くのメーカーによって製造され、市販されている[20][21]。**図4.21**に化学構造例を示す。

②エチレン尿素（イソシアネートエチレンイミン付加体）

　イソシアネートとエチレンイミンの反応生成物は、加熱してもイソシアネート

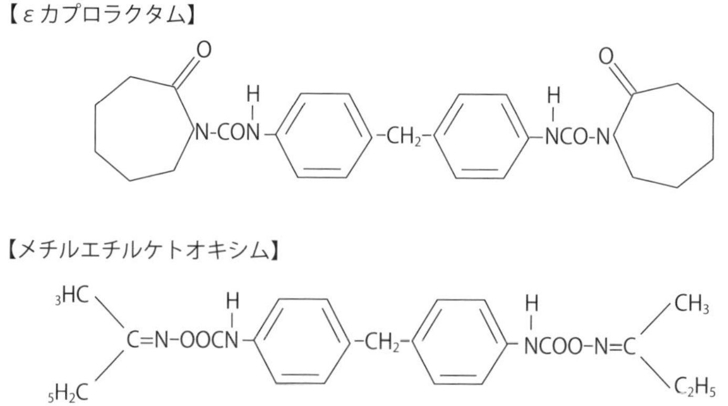

【ε カプロラクタム】

【メチルエチルケトオキシム】

図4.21　ブロックMDIの化学構造

基を再生しないが、開環重合し高分子量となり、ホルムアルデヒドなどと反応する。PET繊維タイヤコードの表面処理剤などに応用されている。エチレン尿素誘導体であるエチレンイミン付加体も水に不溶であり、結晶性が高く、分散剤を併用して水分散体として使用される。

　これまで、この表面処理剤を応用したゴム補強用PET繊維に関する特許も多く出願されている。しかし、この反応生成物は互変異性があり、エチレンイミンが微量に再生すると言われ、健康に与える影響が懸念されている。このため、一時は多く使われていたが、現在では需要量が減少しているようである。MDIとエチレンイミン付加体が代表的な例としてよく知られている。**図4.22**に化学構造を示す。この付加体も、ブロックドイソシアネートと同様に、粒度分布が良好で、粒子径の小さな水分散体が製造されており市販されている[22]。

(3) 脂肪族エポキシ化合物

　PET繊維の表面処理剤として脂肪族エポキシ化合物が研究されたのは、1950年代後半と言われる。脂肪族エポキシ化合物が注目された理由は明確でないが、先見の明があった研究者がいたのであろう。

　エポキシ化合物には脂肪族と芳香族の2種類があるが、PET繊維表面処理剤としては、今日まで主として多価脂肪族エポキシ化合物が使われている。筆者らの経験でも、脂肪族エポキシ化合物に比較して、ビスフェノールAとエピクロルヒドリンから合成される芳香族エポキシ化合物は、表面処理剤として接着改良効果が低い。

　脂肪族エポキシ化合物種としては、**図4.23**に示す多価アルコールの一つであるグリセリンとエピクロルヒドリンとの反応生成物であるグリセリンポリグリシジルエーテル（GPE）が最も著名であり、PET繊維の表面処理剤としてシェル化学などが特許化した[11]。脂肪族エポキシ化合物には、二重結合を過酢酸で反応

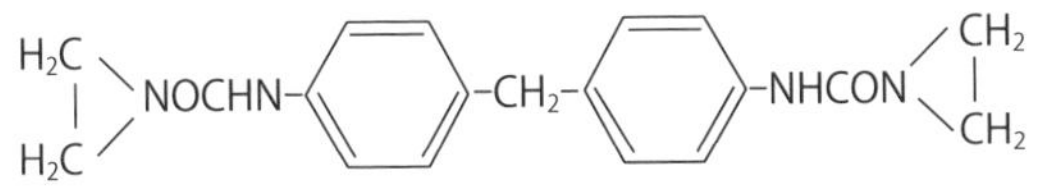

図4.22　MDIエチレンイミン付加体

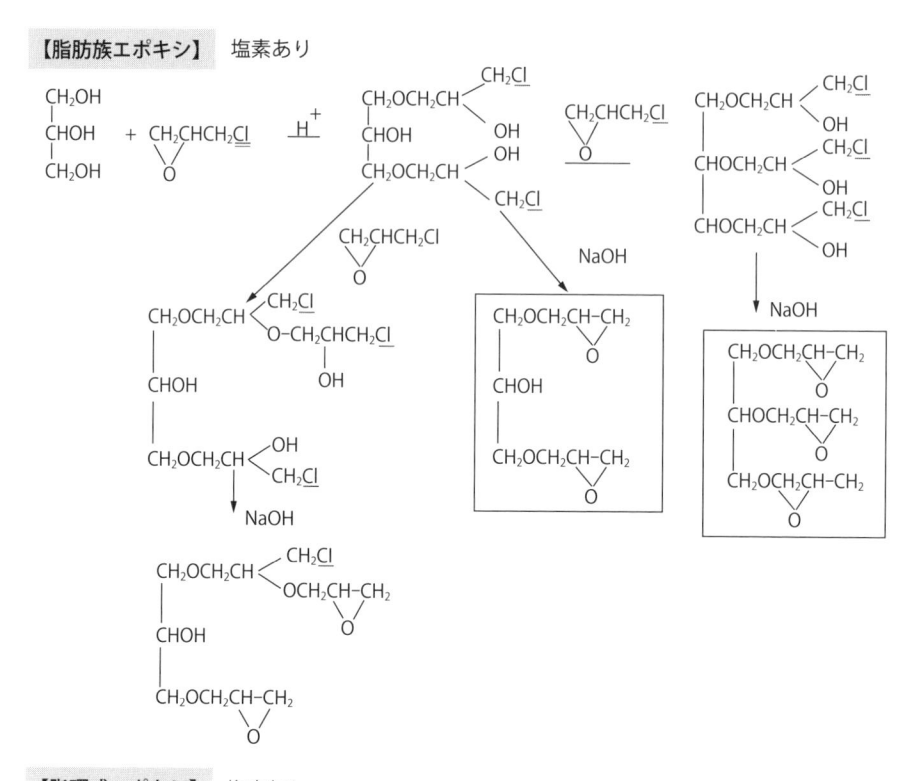

【脂肪族エポキシ】　塩素あり

【脂環式エポキシ】　塩素無し

Remark 3　　　　　　Remark 1

図4.23　脂肪族エポキシの一例[23]

させてエポキシ基を形成させる合成法もあるが、たとえば、図4.23に示す過酢酸を反応させて合成された脂環式エポキシ化合物よりも、多価アルコールとエピクロルヒドリンとの反応生成物のほうが良好な接着結果を示すことが種々の研究から明らかとなった。このGPEを製造・販売しているナガセケムテックスの技術情報によれば、図4.23に示すように、このエポキシ化合物は純品ではなく、6つの異性体を有する[11), 23)]。

　また、図4.23から明らかなように、異性体のうち4種類は塩素を含んでおり、塩素の含有率も高い。他の方法で合成された脂肪族エポキシ化合物が接着効果を十分に発現しないことから、含有塩素が何らかの形でPET繊維との親和性に関連していると推定される。ゴム複合材料用PET繊維処理に使われる脂肪族エポキシ化合物は**表4.12**に示すように多くの種類が開発されている。ジグリセリンやソルビトールとエピクロルヒドリンとから合成される脂肪族エポキシ化合物種もPET繊維用表面処理剤として使用されていることが多くの特許から散見される。ソルビトールから合成された脂肪族エポキシは、塩素含有率も高く、十分なる水溶性を示さない。そのため、表面処理剤として水分散液を作成するには、分散剤の配合を含めて工夫が必要である。最近では、塩素含有量の低い水分散性の良いソルビトール由来のエポキシも開発されている[23]。

　PET繊維の表面重合硬化型表面処理剤として、イソシアネート化合物、その変性体およびエポキシ化合物を紹介した。これらの処理剤は、第一浴接着剤に使用する。第二浴接着剤は通常の水系RFL接着剤である。以下、実用化されている具体的な接着処方について述べる。

表4.12　PET繊維タイヤコード用脂肪族エポキシ化合物一覧表[23]

製品名	化学名	EP当量 (g/eq)	粘度 (mPa·s)	全塩素 含量 (%)
EX313	Glycerol Polyglycidyl Ether	144	150	9.0
EX314	Glycerol Polyglycidyl Ether	140	170	11.5
EX321	Trimethylolpropane Polyglycidyl Ether	140	130	7.5
EX411	Pentaerythritol Polyglycidyl Ether	229	800	16.9
EX421	Diglycerol Polyglycidyl Ether	159	650	9.6
EX512	Polyglycerol Polyglycidyl Ether	168	1,300	6.5
EX521	Polyglycerol Polyglycidyl Ether	193	4,400	6.4
EX612	Sorbitol Polyglycidyl Ether	166	11,900	13.8
EX614	Sorbitol Polyglycidyl Ether	167	21,200	11.3
EX614B	Sorbitol Polyglycidyl Ether	173	5,000	10.1

注）　ナガセケムテックスの資料を筆者修正引用

（1）脂肪族エポキシ／アミン硬化剤併用処理系接着技術

この表面処理剤の処理方法は、以下の2つの処理方法がある。

> ① PET原糸製造時に脂肪族エポキシ化合物／アミン硬化剤を付着させ、撚糸後、水系RFL接着剤で処理する方法（一浴接着処理法）
> ② PET繊維撚糸後、脂肪族エポキシ化合物／アミン硬化剤を1浴接着剤として処理後、水系RFL接着剤を2浴接着剤として処理する方法（二浴接着処理法）

①の方法では、PET繊維紡糸時に脂肪族エポキシ化合物の硬化剤であるアミンを含む油剤で処理し、延伸時に脂肪族エポキシを配合した油剤を付着させる。

その後、一定の温度および時間をかけて熟成し脂肪族エポキシを重合硬化させる。次いで、撚糸コードを作成する。さらに、この撚糸コードからスダレ織物を製造し、通常の一浴接着処理機で水系RFL接着剤を処理し、一定温度、時間をかけて乾燥および硬化させ、接着処理コードを生産する。この処理方法も広義の二浴処理と言えるが、レーヨン繊維やナイロン繊維と同様に通常の一浴接着処理機で接着処理コード（スダレ織物）を製造できることが特長である。

このPET繊維は前処理糸（Pre-activated PET yarn）と言われ、もともと、ドイツの繊維メーカーが開発[11]し、現在では国内外のPET繊維メーカーが製造している。

②の方法はPET繊維の撚糸コードを二浴処理する方法である。まず、PET繊維の撚糸コード（次いで、スダレ織物）を製造し、第一浴でエポキシ処理（1浴接着剤）を行い、第二浴で水系RFL接着剤（2浴接着処理剤）を処理する。脂肪族エポキシ化合物を水系RFL接着剤中に配合すると、ゲル化を起こすために、別々に処理しなければならない。第一浴目および第二浴目の処理後、一定の温度および時間をかけ、乾燥、硬化を行う。この場合には、新規に2浴処理接着処理機の設置が必要である。

なお、脂肪族エポキシ化合物は、種類によるが完全な水溶性ではないために、分散剤（たとえば、DOSS：ジオクチルスルフォサクシネートNa塩）を用いて

分散させてアミンもしくは酸などの触媒を加えて、第一浴目の表面処理剤として使用する。アミン、酸の代わりに、後述するブロックドイソシアネートやゴムラテックスを併用する場合もある。エポキシ系処理剤は、調整後、常温20℃近辺で保存し、通常1週間以内に使用する。長期保存することによりエポキシ基が開環し失活するため、ポットライフには十分留意する必要がある。

①法および②法、どちらの接着処理方法を採用するかは、設備投資、用途、得られる性能などから決定される。

(2) 脂肪族エポキシ/ブロックドイソシアネート化合物併用系接着技術

脂肪族エポキシ化合物とブロックドイソシアネート化合物併用系処理剤は、ゴム補強用PET繊維の第一浴接着剤として適用されている。この接着処理技術はデュポンにより開発された。

接着処方はD-417/D-5Aと名付けられ、特許[24]に詳細が発表されている。処方の1例を**表4.13**に示した。

この処方では、第一浴接着剤（D-417）の脂肪族エポキシ化合物としてグリセ

表4.13　D417/D-5Aの接着剤配合[24]

	成分	配合量	備考
第一浴接着剤	TritonX-100	0.4cc	DOSS（湿潤剤）
	MDIフェノールブロック	16.0g	ブロックドイソシアネート
	水	400cc	
	ジエチルアミノエチルメタクリレート0.5%水溶液	25cc	増粘剤
	グリセリンジグリシジルエーテル	4.8cc	脂肪族エポキシ
第二浴接着剤	レゾルシン	73.7g	
	ホルマリン（37%）	40.0g	
	VP（41%）	148g	ビニルピリジンラテックス
	水	480g	

注）DOSS：ジオクチルスルフォサクシネートNa塩　湿潤剤と分散剤として機能する。
　　処理条件：218℃×45秒→218℃×45秒
　　第一浴剤濃度：4.7%（エポキシ/ブロックドイソシアネート＝1/3.3（重量比））
　　第二浴剤濃度：20%（R/F＝1/0.7（モル比），RF/L＝1/0.7（重量比））

リンジグリシジルエーテルとフェノールブロックドジフェニルメタンジイソシア
ネート（MDI）の水分散体が配合されている。このブロックドジイソシアネー
トは熱処理時に解離するフェノールがPET繊維の物性に影響を与えると言わ
れ、その後、繊維メーカー、接着加工メーカーなどが研究を重ね、ブロック剤と
してε-カプロラクタムを反応させたブロックドイソシアネートの水分散体が使
われるようになった。当初、結晶性が高い水不溶性ブロックドイソシアネート水
分散体の調整は、ボールミルで分散剤を混合して粉砕しながら調整していた。し
かしこの方法では、粒度が大きく沈殿が生じるなど安定性が悪い。そのため、増
粘剤を併用されていたが、その後ブロックドイソシアネート水分散体は加工剤
メーカーが製造するようになり、安定な水分散液が市販品として得られるように
なった。

　最近では、ブロック剤として、メチルエチルケトオキシムが使われる場合も出
てきた。また、分散剤の種類もいろいろ検討され、環境に優しい分散剤を使うな
ど工夫も加えられている。この併用系については、ゴムラテックス、たとえば、
ビニルピリジン（VP）ラテックスなどを配合する処方[27]も登場した。配合され
る脂肪族エポキシとブロックドイソシアネートの種類および組成については、各
社のノウハウになっていると推察される。ゴムラテックスとしては、VPラテッ
クスの配合例が多く見られる。脂肪族エポキシとブロックドイソシアネートの併
用系で処理すると、PET繊維がかなり硬くなるため、VPラテックスがPET繊維
を柔らかく仕上げる効果があると考えられる。コード疲労性も改善される。第二
浴接着剤（D-5A）は通常の水系RFLである。ゴムラテックスとしてSBRラテッ
クスとVPラテックスの配合処方が多く使われている。

　脂肪族エポキシとブロックドイソシアネートの併用系が、PET繊維に対して
優れた接着性を示す機構については、デュポンの研究者Y.Iyengarらの研究が著
名である[26]。

　彼らは溶解度指数から接着機構を説明している。すなわち、脂肪族エポキシ化
合物／ブロックドイソシアネート化合物併用系であるD-417表面処理剤（**図
4.24**中のNo.13）の溶解度指数σは、ポリエステルの溶解度指数σ10.3に近い。図
から明らかなように、相溶性の観点から溶解度指数σが類似であることが、PET

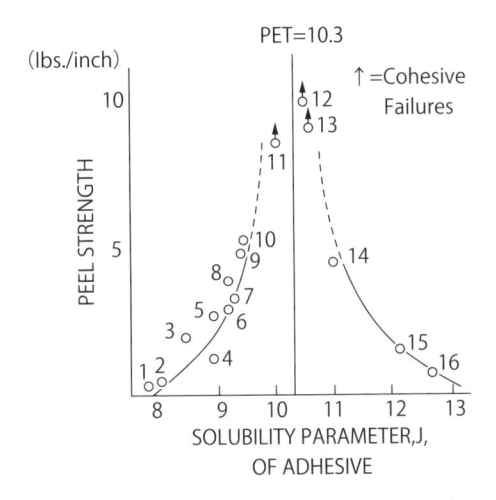

図4.24　接着剤溶解度指数 δ と接着性[26]

繊維に対する親和性を高め、接着性が改良されると述べている。

　併用系は、熱処理後、ブロックドイソシアネートからブロック剤が解離し、再生したイソシアネート基が脂肪族エポキシ化合物のエポキシ基もしくは水酸基と反応し、ウレタン結合を有する重合硬化物が生成する。この重合硬化物とPET繊維の溶解度指数が近いために相互作用を発現し、高い接着力を発現する一因となったものと推定されている[26]。

　デュポンの特許によるとエポキシ化合物とブロックドイソシアネートの配合（重量比）には、**図4.25**に示したように最適値がある。

　現在、脂肪族エポキシ/ブロックドイソシアネート化合物併用系は、ゴムラテックスが配合された処方が特許などに多く紹介されている。補強用PET繊維の第一浴接着剤として最も優れた表面処理剤と考えられ、今後も実用的な第一溶接着剤として使われ続けれるだろう。

内部拡散型収着添加剤

　PET繊維に対する親和性を有し、かつ、水に対して安定な親PET性添加剤を探索し、水系RFL接着剤に添加することにより接着性を向上させる試みも多く行われてきた。PET繊維と親PET性添加剤は、ファン・デル・ワールス力によ

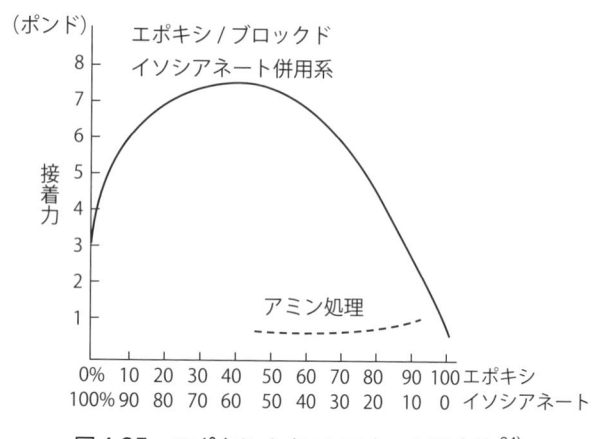

図4.25　エポキシ/イソシアネート配合比[24]

る物理的な親和性を有しているものと推定される。また、水系RFL接着剤に対しては、反応もしくは親和性を有するものである。親PET性添加剤は熱処理の際、PET繊維の非晶部に拡散し、吸着するものと推定される。親PET添加剤は内部拡散収着型接着剤といえる。水系RFL接着剤と混合しても安定であることが条件である。これまでに多くの親PET性添加剤が開発されており、著名なものは英国の旧ICIが開発したペクサル®である。以下、これらの添加剤について説明を加える。

(1) ペクサル®系添加剤

　代表的な添加剤は、英国ICIが開発したレゾルシン、パラクロルフェノールとホルムアルデヒドの縮合生成物である。

　当初はペクサル®として市販されていたが、米国ではH-7、その後、バルナックス社が引継ぎ、日本ではバルカボンドEとして販売されている。すでに特許も切れており、国内ではナガセケムテックスが生産を開始し、デナボンドとして市販している。典型的な化学構造式は**図4.26**に示すとおりである。**図4.27**に示される方法にしたがって、化学反応によって合成されていると推察される[11, 14]。

　この縮合物の分析結果から、ペクサル®は図4.26に示した単一の化学構造ではなく、反応中に生成したおよそ8成分からなる多核体が含まれていることがわかる。このことは筆者らも確認した。通常は、3規定（N）のアンモニア液に溶解

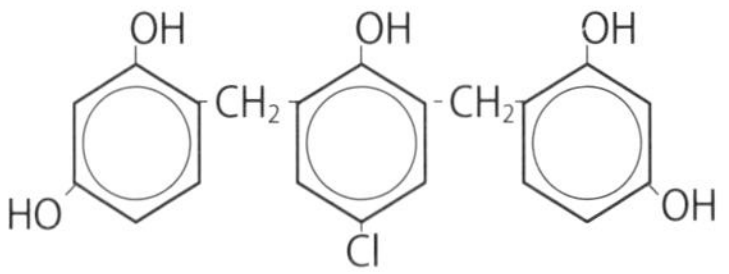

- ICI：Pexul（3N アンモニア水溶液 20%）
- バルナックスインターナショナル：バルカボンド E
- ナガセケムテックス：デナボンド

図4.26　ペクサル®の化学構造

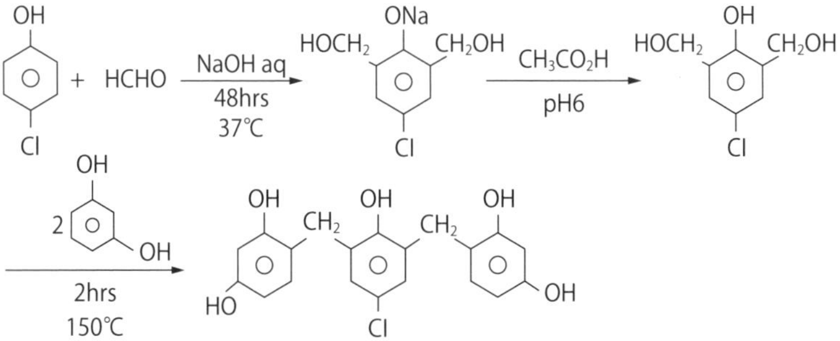

図4.27　ペクサル®の合成方法[11,23]

し、20%濃度で市販されている。**表4.14**にナガセケムテックスが生産している
デナボンドの内容[27]を示す。

　一般的には、ペクサル®は水系RFL接着剤に添加して使われている。この接着
剤はペクサル系接着剤として、脂肪族エポキシ処理の対極にある接着剤として、
長期間にわたり第1浴目の表面処剤あるいは水系RFL接着剤に配合し、それぞれ
使い続けられてきた。しかし最近は、ペクサル®溶剤のアンモニアの臭気問題が
クローズアップされ、工場周辺の住宅環境問題への配慮から使用は限定的であ
る。添加剤ペクサル®は通常、水系RFL接着剤に混合して一浴接着剤として使わ
れるが、二浴接着処理法の第一浴目の接着剤としても使用できる。

　ペクサル®添加水系RFL処理は、ペクサル®をPET繊維の非晶部に拡散・吸着
させるために、高温の熱処理が必要である。しかし、熱処理後のPET繊維が硬
くなることがあり、熱処理条件、柔軟化条件などを最適化することも接着処理時

表4.14 ナガセケムテックス製　デナボンドの内容[27)]

項目	内容
外観	黒褐色液体
臭気	アンモニア臭
固形分（%）	40
PH	10.8
粘度（CPS., 25℃）	20

のポイントである。

　また、この接着剤は、後述の過加硫後の接着性（耐熱接着性）がエポキシ系接着剤よりも良好な結果を示すことも特徴の一つである。これは、接着剤が内部拡散しており、非晶部に固定化されていることが良好な接着性を示すと推察される。

　ペクサル系添加剤がPET繊維に対して良好な接着性を示す理由は、パラクロロフェノールがオルソクロロフェノールと同様にPET繊維の良溶媒であり、非晶部に拡散し、エステル結合や末端のカルボキシ基に吸着されるためだと推定される。PET繊維の染色時のキャリヤー的な挙動をするのであろう。パラクロロフェノールの塩素の働きが大きいと考える。ペクサル系接着剤が内部吸着していることは、PET繊維単糸断面の塩素分布の分析や接着剤を除去後、PET繊維の着色（単位断面の黄色）からも確認できる。

(2) 多価フェノールサルファイド系添加剤

　多価フェノール、たとえば、レゾルシンを塩化硫黄と反応させて合成された多価フェノールポリサルファイドもPET繊維に対する有効な親PET性添加剤として著名である。この添加剤も、通常水系RFL接着剤と混合して使用される。ブ

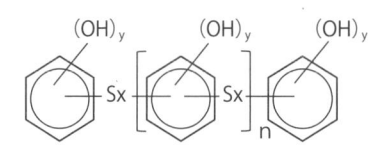

図4.28　多価フェノールサルファイド系添加剤[28)]

リヂストンから関連の多くの特許が出願されている[28]。住友化学製の市販品(スミカノール®750)もある。

(3) フェノール・ホルマリン縮合系添加剤

PET繊維の溶解度指数(SP値 δ)は10.3であり、レゾルシンのそれは16であるために、親和性が乏しいことは、すでに、表4.9に示した通りである。

レゾルシン($\delta = 16$)よりも低いSP値を有するフェノールは、PET繊維のSP値に近く、親和性が増すことに着目した接着剤改良添加剤である。研究されたノボラック型フェノール・ホルマリン樹脂[31]は、水に溶けづらいため溶剤を併用しなければならず、結局、実用化されることはなかった。

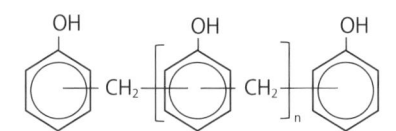

図4.29 フォールーホルムアルデヒド縮合系添加剤[31]

(4) N-3系添加剤

キャナディアン・インダストリー・リミティッド(CIL)が開発した水系RFL接着剤用添加剤である。この添加剤は、トリアリルシアヌレートとレゾルシンを110℃に加熱溶融し触媒(酸化鉛)存在下、225℃、2時間保ち、ホルマリンを3時間かけて少しづつ添加し、最後にアンモニアと水とを加えて冷却する。褐色から青色に変化するN-3液が得られる。水系RFL接着剤に配合に配合して、接着剤として供する[11),14)]。

添加剤であるN-3が熱処理時にPET繊維の非晶部分に拡散し、固着化され、

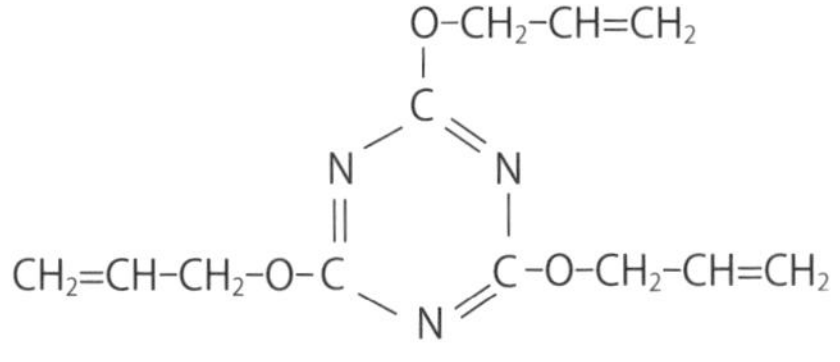

図4.30 トリアリルシアヌレート化学構造

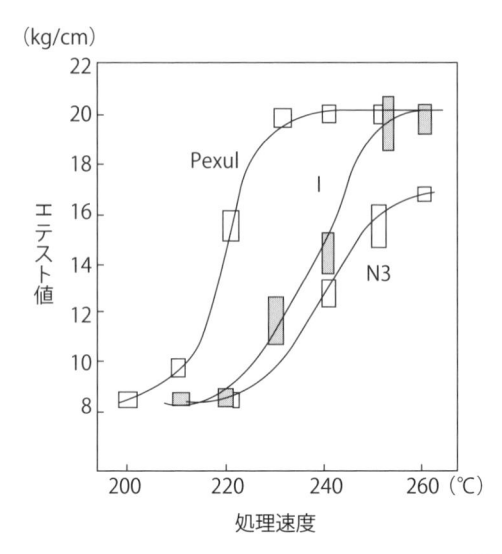

図4.31　ペクサル法とN-3法の処理温度比較[11]

かつアリール基の二重結合がゴムに配合された硫黄と共加硫することによって接着力を発現すると言われている。現在は、ほとんど使われていないと推定される。シアヌレート環もしくは転移したイソシアヌレート環がPET繊維の非晶部に吸着する内部拡散型収着接着剤の一つであると考える。ユニークな接着剤である。手間がかかるがコスト的には高くはないと推察される。

　N-3型接着剤もペクサル系接着剤と同様に、高温処理が必要であり、高温処理によって、非晶内部へ吸着が起こり、接着力が発現すると考えられる。

　図4.31に熱処理温度と接着性との関係を文献から示した[11]。

（5）その他の添加剤

　その他、特許情報によれば、オキサゾリン類、ポリ塩化ビニルなど多くの親PET性を有する添加剤が研究されてきた。新規な添加剤は接着性能がすぐれているだけでなく、環境に優しく低コスト、健康に対する安全性が良好など多くの制約があり、開発には大きな制約がある。

　以上、内部拡散型収着接着剤として親PET性添加剤を紹介した。ここでは具

体的な接着技術として、現在、最も汎用的に使われていると推察されるレゾルシンとパラクロロフェノール、ホルムアルデヒド縮合系親PET添加剤を使用するペクサル®添加系接着処理技術を代表例として、デナボンドを使用した接着剤組成を紹介する[27]。

ペクサル系一浴接着処理剤

一浴接着処理用の接着剤は、まず水系RFL接着剤を**表4.15**に示す組成（Ⅰ，Ⅱ）で調整する。次いで、ペクサル®添加剤であるデナボンド（Ⅲ）を所定量配合してペクサル系親PET成分を配合した接着剤を得る。接着剤の組成の詳細、熟成条件および接着処理条件は表の注に記載した。

しかし、最近では溶剤のアンモニアが臭気の原因となり、環境面から好ましくないと言われ、処理技術としては使用頻度が減少している。

また、この接着剤処理は接着力を高めるためには高温処理が必要であり、そのために強力低下しやすいこと、コードが硬くなりやすいことがあげられるが、今日まで長くPET繊維用接着処理技術として使われ続けてきた。

ペクサル系二浴系接着剤

表4.16にペクサル®系添加剤もしくは**表4.17**にペクサル系親PET添加剤を配

表4.15 ペクサル®系一浴接着剤組成

【ペクサル系水系RFL接着剤組成】

	成分	固形分（%）	配合量
Ⅰ	NaOH（10%）	1.5	15.0
	ホルマリン（37%）	6.3	16.9
	レゾルシノール	19.1	19.1
	水	―	373.4
Ⅱ	VPラテックス（40%）	116.0	289.9
Ⅲ	デナボンド（20%）	57.1	285.3
	合計	200.0	1000.0

注）Ⅰ：RF水溶液熟成条件：25℃×2時間（攪拌） R/F=1/1.2（モル比）
Ⅰ＋Ⅱ：RFL接着剤熟成条件：25℃×20時間 RF/L=1/4.6（重量比）
Ⅰ＋Ⅱ＋Ⅲ：デナボンド/RFL=28.6/71.4（重量比）
熱処理条件：乾燥（150℃×60秒）→硬化（150℃×60秒）

表4.16 ペクサル®系二浴接着剤組成 (1)

【第一浴接着剤：ペクサル®添加剤水溶液】

成分	固形分（%）	配合量
デナボンド（20%）	50.0	250.0
水	—	750.0
合計	50.0	1000.0

注）濃度 5.0%
　　熱処理条件：乾燥（150℃×60秒）→ 硬化（240℃×60秒）

【第二浴接着剤：水系RFL接着剤】

成分	固形分（%）	配合量
NaOH（10%）	2.2	22.4
ホルマリン（37%）	9.3	25.0
レゾルシノール	28.5	28.5
水	—	84.2
VPラテックス（40%）	160.0	400.0
合計	200	1000.0

注）RF水溶液熟成条件：25℃×2時間（攪拌）　R/F＝1/1.4（モル比）
　　RFL接着剤熟成条件：25℃×20時間　RF/L＝1/4.2（重量比）
　　熱処理条件：乾燥（150℃×60秒）→ 硬化（150℃×60秒）

合した水系RFL接着剤を第一浴接着剤として使用し、第二浴接着剤として通常の水系RFL接着剤で処理する二浴処理法である。

水系RFL接着剤の改良

デュポンのY.Iyengarらは、水系RFL接着剤が親PET性に乏しいのはRFL接着剤の配合成分であるレゾルシン（R）の溶解度指数 σ（16）がPET繊維の溶解度指数 σ（10.3）と著しくかけ離れており、両者の相溶性が乏しいことが一因であると考えた[26]。

そこで、**表4.18**に示したように、親水性のレゾルシンに疎水性のアルキル基を導入し、レゾルシンの溶解度指数 δ（16）を低下させ、PET繊維の δ に近づけた変性レゾルシンを合成した。

変性レゾルシンの中、4-ヘキシル-レゾルシンを選択し、ホルムアルデヒド縮合生成物合成し、ゴムラテックスを配合したRFL変性接着剤をPET繊維に一浴

表4.17 ペクサル®系二浴接着剤組成（2）

【第一浴接着剤：ペクサル系添加剤水系RFL接着剤組成】

ステップ	成分	固形分（%）	配合量
Ⅰ	NaOH（85%）	2.5	3.0
	ホルマリン（37%）	5.0	13.5
	アドハ−W50（50%）	12.5	24.9
	水	—	205.7
Ⅱ	VP ラテックス（40%）	80.0	200.0
	水	—	302.9
Ⅲ	デナボンド（20%）	50.0	250.0
	合計	150.0	1000.0

注）RF水溶液熟成条件：25℃×2時間（撹拌）　R/F＝1/1.2（モル比）
　　RFL接着剤熟成条件：25℃×20時間　RF/L＝1/4.6（重量比）
　　熱処理条件：乾燥（150℃×60秒）→ 硬化（240℃×60秒）

【第二浴接着剤：水系RFL接着剤組成】

ステップ	成分	固形分（%）	配合量
Ⅰ	NaOH（10%）	2.2	22.4
	ホルマリン（37%）	9.3	25.0
	レゾルシノール	28.5	28.5
	水	—	84.2
Ⅱ	VP ラテックス（40%）	113.0	282.5
	SBRラテックス（40%）	47.0	117.5
	水	—	520.0
	合計	200.0	1000.0

注）RF水溶液熟成条件：25℃×2時間（撹拌）　R/F＝1/1.4（モル比）
　　RFL接着剤熟成条件：25℃×20時間　RF/L＝1/4.2（重量比）
　　熱処理条件：乾燥（150℃×60秒）→硬化（240℃×60秒）

処理を行い、接着改良効果を評価した。表4.18から明らかなように、確かに接着性は向上するが、後述のブロックドイソシアネート化合物/脂肪族エポキシ化合物→RFL処理接着剤（二浴系接着剤：D417/D-5A）に比較すると、接着レベルは低かった。おそらく変性レゾルシンとホルムアルデヒドの反応性はレゾルシンよりも低く、接着処理後の凝集力が低くなったためと推察する。結局、この接着

表4.18　変性レゾルシンの溶解度指数と接着改良効果[26]

レゾルシン種	溶解度指数δ	接着力（lb/in）
レゾルシン（R）	15.9	21
2-メチル-レゾルシン	15.9	—
4-ヘキシル-レゾルシン	12.5	34
オクチル-レゾルシン	11.5	—
メチルケトン変性レゾルシン	11.5	—
エチルケトン変性レゾルシン	11.5	—
D-417/D-5A（比較）		46

注）文献[26]をもとに筆者が修正作成

系は実用化には至らなかった。しかし、溶解度指数δを近づけることは接着性改良の方法であることは言えると思う。

PET繊維接着技術のまとめ

　以上、PET繊維の現状の接着技術開発に至るまでの経緯を述べた。

　PET繊維接着技術は①脂肪族エポキシ化合物およびイソシアネート化合物を主たる成分とし、水系RFL接着剤で処理する表面重合硬化型接着処理法と②PET繊維親和性のある処理剤／水系RFL接着剤を2浴処理するか、もしくは、水系RFL接着剤に配合して処理する内部収着型接着処理法が実用化されている。これまで開発されてきたPET繊維用接着技術の代表例をまとめると、**表4.19**になる。最近ではアンモニアの臭気のため内部収着型接着剤として適用されてきたペクサル®系添加剤の使用をやめる加工会社も出てきた。表面重合化型である脂肪族エポキシ／ブロックドイソシアネート併用型（第二浴処理剤は水系RFL接着を使用する二浴処理技術）が代表的なPET繊維用接着処理技術として、継続的に使用されていると推察される。脂肪族エポキシ化合物も完璧に安全ではないが、代替技術が開発されていない現状では、環境に配慮しながら使用し続けざるを得ない。

　実用化されているこれらの接着処理法は、通常の加硫条件では十分な接着性を示すが、耐熱接着性（すなわち、過加硫条件）には課題がある。特に、トラッ

表4.19　PET繊維用接着技術

固着メカニズム	親PET接着成分	使用形態	課題
表面重合硬化型	エポキシ（脂肪族）	水系	皮膚毒性
	イソシアネート系（芳香族）	溶剤系	環境・爆発 （防爆型装置）
	ブロックドイソシアネート系	水系	分散性
	エチレンイミン付加イソシアネート	水系	分散性
	エポキシ+変性イソシアネート併用系	水系	
内部拡散型 （収着型）	ペクサル®系	水系	アンモニア臭
	フェノール縮合系	水系	メタノール混合
	硫黄フェノール縮合系	水系	硫黄臭 残RFL処理
	N-3法	水系	分散性

ク・バス用タイヤのカーカス材や乗用車のキャッププライ材へ用途拡大するには、耐熱接着力（過加硫）の改良が必要であるが、これらの接着技術開発に対しても期待が大きい。

　また、1970年代から継続的に研究されている物理処理法はPET繊維の表面改質技術として再び注目されているように思われる。従来、低温プラズマ処理法で研究されていた表面改質が、減圧下で処理する必要がない大気圧プラズマ処理機が開発されたことに後押しされ注目されはじめたと推察される。新規なモノマーによるプラズマ処理によるPET繊維表面への薄膜、または重合物形成も接着改良に期待が持てるためでもある。

　本書では、PET繊維をタイヤ補強繊維として応用するための接着技術を中心に、その概要を述べた。PET繊維は、伝動ベルト、搬送用ベルトおよびゴムホース用補強繊維としても用途開発が進んでいる。これらの用途にPET繊維を適用していくには、特殊ゴム（機能性ゴム）への接着技術開発が必要である。以下の節では、PET繊維の用途拡大に必要な耐熱接着処理技術の技術開発状況、物理処理法の一つであるプラズマ処理法の現状を述べる。

4.3.3　PET繊維の耐熱接着

PET耐熱接着技術の必要性

　PET繊維の水系接着処理技術として、表面重合硬化型および内部拡散型収着処理剤を適用する一浴系もしくは二浴系接着処理技術が実用化され、タイヤ、ベルトおよびゴムホース用コードに適用されている。天然ゴムや天然ゴム/SBR配合などの汎用ゴムに対しては、ほぼ十分な実用的レベルの接着性が得られている。これらの接着技術の実用化によりコスト的に有利なPET繊維は需要量も順調に増え、一時は、図1.2で示したように、国内での消費量が5万トン/年を超えることもあった。しかし最近では、衣料用、家庭用・インテリア用および産業用PET繊維の国内生産量が全体的に減少し、東南アジア、中国など新興国へ生産拠点が移転している。また、ゴム補強繊維コードの加工会社も海外へ移転しているのは周知の通りである。このような環境の変化により、PET繊維補強ゴム複合材料自体の国内生産量も減少の傾向にある。この原因は、国内での高コスト構造や円高などの企業を巡る環境の変化（すなわち、国際競争力低下）の影響もあると思われる（最近は円安の傾向があり、状況の変化が見られる）。

　PET繊維用接着技術による国内の生産量が減少するにしても、高付加価値を発揮する接着技術を開発できれば、ゴム補強用PET繊維の用途はさらに拡大すると推定される。具体的な用途は、高負荷がかかるトラック、バスなどの補強繊維への拡大である。高負荷がかかる用途では、走行時の発熱が大きく、動的接着性が低下すると言われる。したがって、この用途へ展開するには、モデル的に実施される厳しい加硫条件（過加硫）に耐える接着技術の開発が必要である。

　これまで、PET繊維をタイヤやバスの補強用コードとしてカーカス材に適用したトラック・バス用タイヤが開発され、タイヤメーカーが市販した時期もあった。しかし現在では、PET繊維をカーカス材として適用したトラックやバス用のタイヤは生産されていない。

　乗用車用タイヤはすでにバイヤスタイヤからラジアルタイヤに代わり、構成材料のベルト材はスチール繊維が使われ、カーカス材はほとんどPET繊維が使われている。一方、高負荷のかかるトラックやバス用ラジアルタイヤは、カーカス

材およびベルト材とも比重の大きいスチールファイバーが使われている。カーカ
ス材やベルト材として、スチールファイバーがより低比重のPET繊維やアラミ
ド繊維に代替できれば軽量なタイヤとなり、燃費の節約、さらには地球環境にも
好ましい。このような観点から、PET用耐熱接着技術の開発がこれまで長く行
われてきた。多くの特許が出願されているが、残念ながら、現在のところ、実用
化された接着技術は開発されていない。

　また、最近、ラジアルタイヤの高速耐久性を向上させるために、キャッププラ
イが使用されている。キャッププライ用繊維材料は、ナイロン66繊維が単独も
しくはアラミド繊維とのハイブリッド繊維が主体的に使われている[30]。寸法安定
性の面からPET繊維を使用することも可能である。しかし、この分野に適用す
るには耐熱接着の改良が必要であり、再び耐熱接着向上の研究が進められてい
る。

(1) PET繊維用現行技術の耐熱接着

　表面重合硬化型と内部収着型接着技術のPET繊維および水系RFL関連の相互
作用を比較した結果を**表4.20**に示した。表面重合硬化型に用いられる脂肪族エ
ポキシ化合物の水酸基（-OH）、エポキシ基（$-CH-CH_2$）および塩素（Cl）、内
部収着型の場合には、レゾルシンの水酸基（-OH）およびクロルフェノールの塩
素（-Cl）がPET繊維とファン・デル・ワールス力や水素結合により相互作用す
ることが接着発現の大きな要因と推察している。親PET性処理剤であるエポキ

表4.20　表面重合型および内部収着型接着剤の反応機構

			表面重合硬化型	内部収着型
接着力発現因子	PET繊維相互作用	-COO-	△	○
		-COOH	○	○
	内部拡散		△	○
	内部収着		△	○
	凝集力		◎	○
接着力	初期接着力		◎	○
	耐熱接着力		△	○

シ化合物とPET繊維の非晶部に吸着するペクサル®処理剤につき、PET繊維との相互作用を比較し、表4.20に示した。また、表面重合硬化型と内部収着型接着剤とPET繊維との発現因子を**表4.21**に比較して示した。

　これらの接着系による接着性は、接着剤組成、付着率および熱処理条件により変化するので一概には言えない。ただし、初期接着力（通常の加硫条件）では表面重合硬化型である脂肪族エポキシ化合物の高い凝集力が寄与し、内部収着型のペクサル®系はペクサル®処理剤が内部拡散し、エステル結合とペクサル®の構成成分であるクロロフェノールの塩素が、PET繊維のエステル結合との親和性が良好な傾向にあると推定される。筆者らの研究では、初期接着力（通常の加硫条件）では表面重合硬化型の方が高めであった。ところが、耐熱接着力（過加硫条件）は、内部収着型のペクサル®系接着剤が高くなっている。これは接着処理時に、非晶部の表面重合による凝集力と内部拡散と収着力の違いと推定している。

(2) PET繊維の耐熱接着低下の機構

　水系RFL接着剤で処理したナイロン繊維の耐熱接着性が良好である。このことから、PET繊維の耐熱接着性が低下する理由は、PET繊維自体、もしくは

表4.21　表面重合型および内部収着型接着剤の接着力発現因子

	表面重合硬化型	内部収着型
接着成分		
反応機構		

PET繊維接用接着表面処理剤の熱による劣化と推定される。この理由の一つとして、ゴム中の水分やゴムに配合されているアミン系加硫促進剤の影響によるPET繊維の加水分解もしくはアミン分解の影響といわれている[31]。

筆者らが提案した加水分解もしくはアミン分解の機構を、**図4.32**に示した[32]。すなわち、加水分解もしくはアミン分解とタイヤの発熱によりPET繊維表面の劣化が起こり、PET繊維と接着剤との界面が破壊され、接着力が低下すると推定している。確かに、これまで実用化されている接着技術による初期接着（通常の加硫条件）は優れた接着力やゴム付きを示すが、過加硫では、著しい接着力の低下が見られ、優れたゴム付きから、破壊面が移動し、ゴムの付着しない状況に変化する。このことは、過加硫によるPET繊維表面の劣化を示唆している。

(3) PET繊維の耐熱接着改良の考え方

耐熱接着力を改良するための基本的な考え方、すなわち、過加硫による接着の低下を防ぐためには、PET繊維表面の劣化を防止することが効果的であると推定される。これまでに、PET繊維表面の劣化を防止するために、

① PET繊維の改質（PET分子末端のカルボキシ基数の低減化）

② 過加硫中のゴム中水分やアミンの透過を防ぐこと（バリヤ性を付与）

③ ゴム中の水分やアミンを捕捉する（捕捉剤の活用）

④ PET繊維非晶部分への収着成分付与

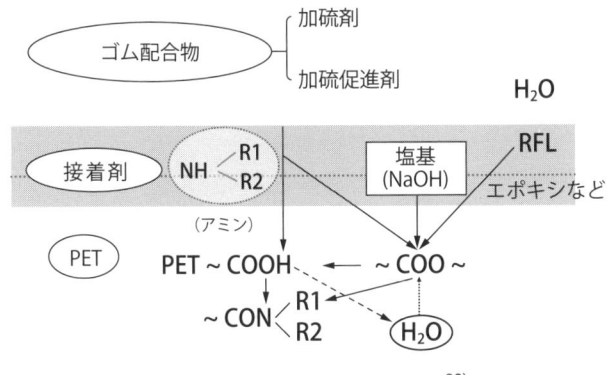

図4.32　PET繊維の分解機構[32]

など多くの改良方法が検討された。接着剤中へ水分・アミン捕捉剤の添加効果について、筆者らの検討結果の一部を**表4.22**に示した[32]。耐熱接着改良について大きな課題として、技術開発が継続されていると推定され、多くの特許も出願されている[33]~[35]。しかし残念ながら、実用化の面で、いまだ完成された技術はなく、今後に残された大きな技術開発のテーマである。

4.3.5　PET繊維の物理処理法

これまで紹介した表面改質、表面処理剤によるPET繊維の接着処理法は水系RFL接着剤に対する親和性を付与する化学処理法である。一方、物理的手法によるPET繊維の表面改質法は化学処理法と比べ、環境に優しい改質法として注目を集め、研究開発が行われている。

特に低温プラズマ処理方法は、1970年代、モンサントのLawtonが先鞭をつけ、研究が開始された[36]。繊維物性に影響を与えない極表層（約30Å）を改質する技術として注目され、実用化に対して期待の高い研究開発であった。

筆者らは1980年代に物理改質法について、紫外線処理法、電子線処理法、低温プラズマ処理法およびエキシマレーザー法など精力的に研究を行った[37]。

表4.22　アミン・水捕捉剤の添加効果[32]

第3成分	具体例	反応性			RFL中安定性	耐熱接着改良効果
		アミン	水	RFL		
酸無水物	無水ピロメリット酸	○	○	○	添加率↑（ゲル化）	○~◎
カルボジイミド	ジシクロヘキシルカルボジイミド	○	◎	◎	不良（ゲル化）	―
マレイミド	ジフェニルメタンビスマレイミド	×	×	○	良	○
脂肪族エポキシ	グリセリンジグリシジルエーテル	◎	◎	◎	不良（ゲル化）	―
芳香族エポキシ	クレゾールノボラックエポキシ	○	○	○	良	◎

　プラズマ処理法は、当初、減圧下、微量なガス（酸素、窒素他）の雰囲気で処理する低温プラズマ処理が主として行われてきた。最近では、大気圧プラズマ処理機が開発され、低温プラズマ処理機のように、反応容器を減圧する必要のない大気圧プラズマ処理の研究[38]が多く行われるようになった。ただし、たんに繊維表面を処理するだけでなく、重合性モノマーの存在下の特許が多いようである。最適処理剤を選択し、プラズマ処理方法は処理条件を最適化することにより、接着性改良の効果が発現する。プラズマ処理は経時退行が起こることや低温プラズマ処理機の設備投資の観点から、現行の化学処理法に比較すると、コスト／性能の観点から実用化の道は開かれていないのが現状である。

　筆者らの研究では、ラジオ波13.56MHzを周波数とする処理では、**図4.33**に示すように、繊維軸方向に細かな凹凸（シーショア構造）が発現することや、XPS解析から水酸基やカルボキシ基などの官能基が導入されることを確認した。また、通常の加硫条件では、接着力は引抜接着、剥離接着ともに水系RFL接着剤の一浴処理のみで、化学処理法の代表であるエポキシ／RFL（二浴処理法）処理法並みの接着性が得られた。結果を**図4.34**に示す。

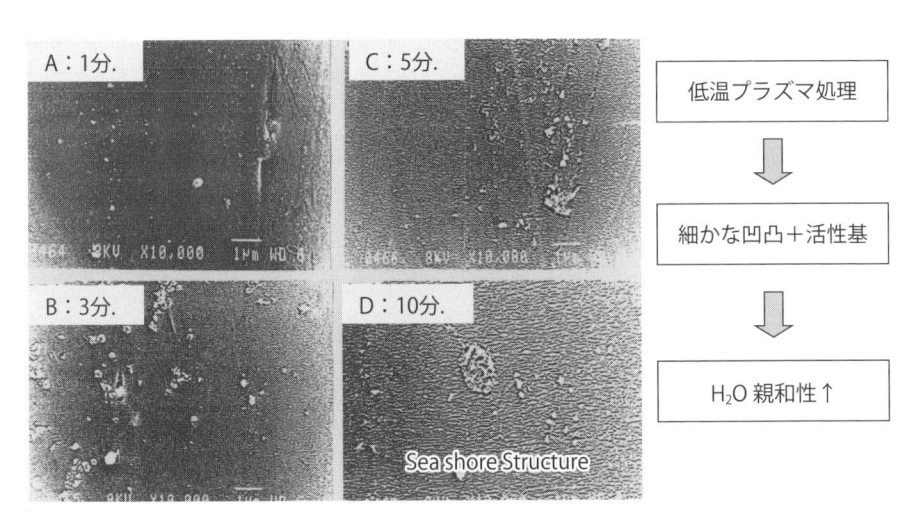

条件 : 13.56MHz. 100W. 0.1 torr, O_2 プラズマ

図4.33　低温プラズマ処理によるPET繊維の表面変化[39]

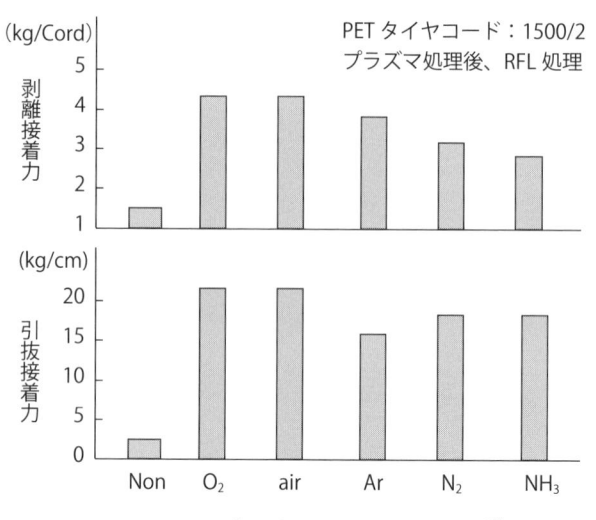

図4.34　低温プラズマ処理による接着性[39)]

　2.45GHzのマイクロ波を使用する処理も効果があるが、13.56MHzのような凹凸は観察されない。また、耐熱接着をモデル的に評価する過加硫接着力は、引抜接着力と離接着力はともに、著しく接着力が低下する[39)]。プラズマ処理はPET繊維の極表層を改質する技術であり、繊維表面がアミンや水で劣化すると、繊維/水系RFL接着剤の界面は相互作用を失い、界面接着力を保持することは難しくなる。確かに、通常加硫のゴム付きがゴム破壊であるのに対して、過加硫接着の場合には、PET繊維側に移行している。このことからも、プラズマ処理法を革新的な表面改質の物理改質法として採用することはできない。

　しかし、低温プラズマ処理はプラスチック表面へ薄膜を形成させる重合や金属蒸着法として適用されていることにヒントを得て、アミンや水に対する耐久性が良好なナイロン薄膜形成を試みた。その結果、PET繊維表面にナイロンに類似した薄膜が形成され、通常の水系RFL接着剤処理の接着性は、通常加硫および過加硫条件のいずれの場合も優れた接着性を示し、耐熱接着性改良の手法になることを確認した。結果の一例を**図4.35**に示した[40)]。

　最近、オランダのツェンテ大学が大気圧プラズマによる繊維表面重合によるゴムとの接着技術に関する研究を報告している[41)]。注目に値する研究である。

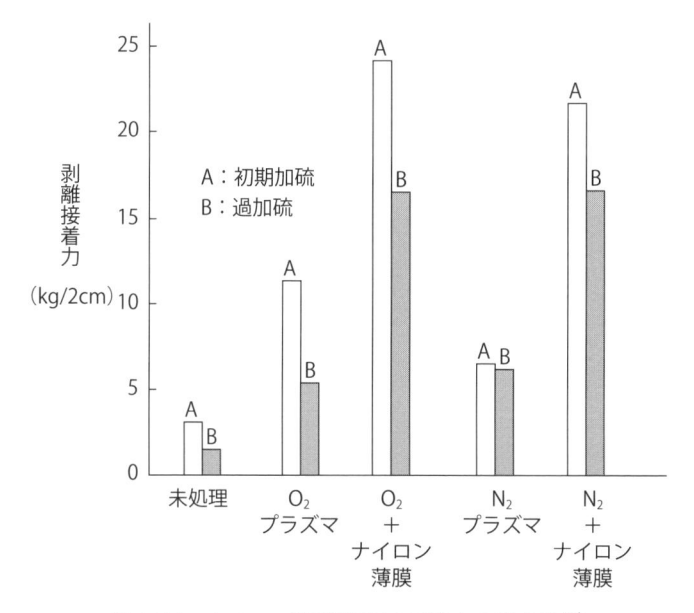

図4.35　ナイロン薄膜処理PET織布の接着性[40]

4.3.6　まとめ

　ゴム補強繊維であるPET繊維の製糸技術と接着技術、歴史的経緯から今日までの技術開発、実用技術、現在の状況および課題について、詳細に述べてきた。ゴム補強PET繊維は、従来のPET繊維からセラニーズが開発し、国内の合繊メーカーが次々に開発したHMLS-PET繊維に置き換わっている。また、接着技術は長く、エポキシ/ブロックドイソシアネート系接着剤とICIが開発した収着型接着であるペクサル系接着剤の両輪で推移してきたが、アンモニアの臭気問題のために、現在では、エポキシ/ブロックドイソシアネート系接着剤がメインの接着技術となっていると推察される。

　1970年から1980年代にかけてPET繊維の技術開発は製糸および接着技術とも非常に盛んであった。優れた技術開発が行われ、実用レベルに到達し、現在も続いているが、すでに成熟した感もある。しかし、PET繊維は、これからもメインの補強繊維としての位置づけは変わらないと考える。さらに進展させるために

は、残された課題を解決することである。その一つは、耐熱接着技術や新たな表面処理技術である。新たな耐熱接着技術が実用化されれば、PET繊維のゴム補強繊維としての用途はさらに拡大していき、いっそう明るいものになると確信している。

【引用文献】

1) 繊維学会編；「易しい繊維の基礎知識」（日刊工業新聞社），p51〜52（2004）
2) 日本繊維機械学会，繊維工学刊行委員会編；「繊維工学（Ⅱ）」（日本繊維機械学会），p40（1983）筆者捕捉
3) 繊維学会編；「繊維便覧」（丸善），p159〜167（2004）
4) 繊維学会編；「易しい繊維の基礎知識」（日刊工業新聞社），p53〜57（2004）
5) 繊維学会編；「最新の紡糸技術」（高分子刊行会），p27〜69（1992）
6) 一般社団法人日本自動車タイヤ協会（JATMA）ホームページ；https://www.jatma.or.jp/tyre_user/historyoftyres.html
7) 永井明彦；繊維機械学会誌，48(11)，p419〜424（1995）
8) 矢吹和之；日本ゴム協会誌，63(11)，p685〜693（1990）
9) 加藤哲也；「やさしい産業用繊維の基礎知識」（日刊向郷新聞社），p50（2011）
10) 日本化学繊維協会；「繊維ハンドブック2024」（日本化学繊維協会資料頒布会），p271〜282（2023）
11) 松井醇一，土岐正道，清水寿雄；日本接着協会誌，8(6)，p329〜345（1972）
12) T.Takeyama,J.Matsui；「Mechanics of Pneumatic Tires」（univ. of Michigan），p279〜290（1971）
13) T.S.Solomon ; Rubber Chem.Technol., **58**, p566-571（1985）
14) 毛利充邦，藤井　悟；繊維機械学会誌，**42**(12)，p-656-668（1989）
15) A.Lechtenboehmer, H.G.Moneypenny & F.Mersch；.British Polym. J., **22**, p265〜301（1990）
16) 高田忠彦；日本ゴム協会東海支部秋期講演会資料，p29〜35（2007.11.15 名古屋工業試験研究所開催）
17) 高田忠彦；「R&D支援センターセミナー資料（繊維／ゴムの接着技術の実際と今後の動向）」，（2016.10 東京都江東区産業会館開催）．
18) 日本ゴム協会編；「親ゴム技術入門」（日本ゴム協会），p308〜309（1967）
19) 竹川　淳，第一工業製薬　社報，No548，拓人2009春，p-12〜16
20) 明成化学工業HP；https://www.meisei-chem.co.jp/products/urethane/urethane02.html

21）第一工業製薬HP；https://www.dks-web.co.jp/product_search/sds/detail/69

22）日本触媒HP；https://www.shokubai.co.jp/ja/wpdir/wp-content/uploads/2022/07/epomin_j_191002.pdf

23）毛利充邦、志水修三；化学と工業, **57**(5), p164〜175 （1983）

24）デュポン；特公昭42-11482

25）帝人；特公昭57-021587

26）Y. Iyengar & D. E Erickson；J.Appl.Chem.Soc., **11**, p-2311-2324 （1967）

27）ナガセケムテックスデナボンドカタログ；https://group.nagase.com/nagasechemtex/products/catalog/pdf/denabond.pdf

28）ブリヂストン；たとえば特開昭60-72928, 特公昭63-12503

29）帝人；特公昭50-003794

30）稲田則夫；繊維学会誌, **64**(9), p283〜286 （2008）

31）矢吹和之, 澤田周三；繊維学会誌, 41, T-348 （1985）

32）高田忠彦；繊維機械学会誌, **58**(8), p-288〜294 （2005）

33）ナガセケムテックス, 住友ゴム工業；特開2019-178294

34）ブリヂストン；特開2012-214141

35）東レ；特開平6-341061, 特開2012-092459など

36）Ernest L. Lawton；J.Appl.Polym.Sci., **18**, p-1557-1574 （1974）

37）髙田忠彦；日本繊維機械学会誌, **58**(8), 289〜294 （2005）

38）たとえばGood Year；特表2011-214214

39）高田忠彦, 古川雅嗣；日本ゴム協会誌, **63**(4), p-209〜216 （1990）

40）高田忠彦, 古川雅嗣；日本ゴム協会誌, **63**(4), p-217〜223 （1990）

41）W.Dierkes et al.; Polymers 2019, 11, 577

4.4 ビニロン繊維

　国産の合成繊維として1950年に開発されたポリビルアルコール繊維「ビニロン」は著名である。クラレが主として生産している衣料用として学生服や作業服などにも使われているが、現在では、セメント補強やロープ、ネットなど、主として産業資材用繊維としてその特長を活かした用途に適用されている[1]。伝動ベルト、搬送ベルトやゴムホースなどではゴム補強繊維用途に使用されている。タイヤ用途にはほとんど使われていない。非タイヤ用途に展開されている理由は、寸法安定性、耐熱性、耐アルカリ性が良好であるからである。

　ビニロン繊維表面は水酸基（–OH）を有しているために、水系RFL接着剤に対する親和性が高く汎用ゴムに対しての接着性は良い。第1章で表1.1に示したように強度が他の合成繊維と比較して低いが、高強力化をめざした新たな紡糸法が検討され、高強力が達成されている[2]。

4.4.1　ビニロン繊維の製糸法[1), 2), 3)]

　従来のビニロン繊維はポリ酢酸ビニルをアルカリ（NaOH）でケン化してポリビニルアルコール（PVA）を合成し、湿式もしくは乾式紡糸する。ポリ酢酸ビニルの分子量とケン化度により繊維性能は異なる。この状態の繊維は水に溶解するため、ホルムアルデヒドで部分アセタール化し、**図4.36**に示すビニロン繊維が得られる。

　従来のビニロン繊維の強力は他の産業用繊維に比較して低く、高強力化を目指し、ゲル紡糸の考え方を取り入れて、高重合度18000のPVAを紡糸原料とする有機溶剤湿式冷却ゲル紡糸による高強力PVA繊維（クラロンK-Ⅱ）が開発された。従来のビニロンおよびクラロンK-Ⅱの物性をそれぞれ**表4.23**[4)]、**表4.24**[3)]に示す。

　ゴム補強用繊維として、クラロンK-Ⅱは他の合成繊維と比較してもそん色な

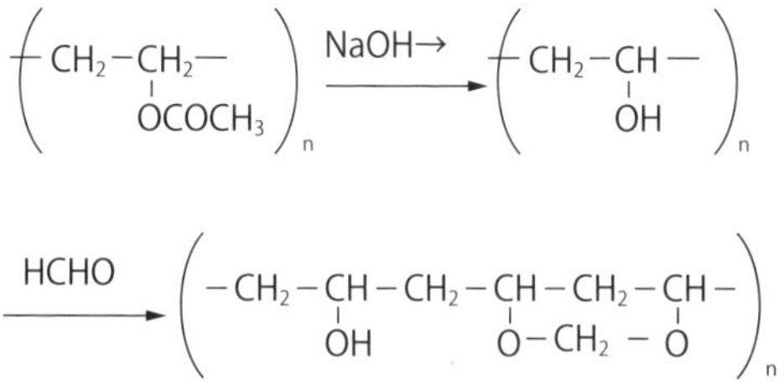

$$\left(-CH_2-\underset{\underset{OCOCH_3}{|}}{CH_2}-\right)_n \xrightarrow{NaOH\rightarrow} \left(-CH_2-\underset{\underset{OH}{|}}{CH}-\right)_n$$

$$\xrightarrow{HCHO} \left(-CH_2-\underset{\underset{OH}{|}}{CH}-CH_2-\underset{\underset{O-CH_2}{|}}{CH}-CH_2-\underset{\underset{O}{|}}{CH}-\right)_n$$

図4.36　PVAおよびアセタール化PVA合成法

表4.23　ゴム補強用ビニロン繊維の一般物性[4]

項目		フィラメント（ヤーン）		ステープル	
		高強力糸	普通糸	高強力	普通
比重		1.26-1.30	1.26	1.26	1.26
水分率	(%, 20℃, PH65)	3.0-5.0	3.5-4.5	4.5-5.0	4.5-5.0
引張強さ	(g/d)	6.0-9.5	3.0-4.0	5.3-8.5	3.2-5.2
引掛強さ	(〃)	7.0-13.0	4.5-6.0	5.0-5.8	3.2-5.2
結節強さ	(〃)	2.7-5.0	2.2-3.0	4.5-5.2	2.4-4.0
伸び	(%)	8-22	17-22	9-17	12-26
ヤング率	(g/d)	800-2,900	700-950	800-1,500	220-230
熱軟化点	(℃)	200-230	220-230	220-230	220-230
溶融点	(℃)	明瞭な溶融点を示さない。			
耐薬品性	酸	濃酸に侵される（膨潤または分解）希酸（10%HCl, 30% H_2SO_4 など）ではほとんど影響なし。			
	アルカリ溶剤	影響なし、アルカリにはよい抵抗を示す。熱ピリジン、フェノール、クレゾール、濃ぎ酸に膨潤あるいは溶解する。			
耐候性		強度はほとんど低下しない。			
耐油性		油脂数の影響は全くない。			

表4.24　クラロンK-Ⅱ 繊維の物性[3]

タイプ		銘柄	繊度 dtex	強度 cN/dtex	伸度 %	水溶温度 ℃	熱圧着温度 ℃（他）
高強力 タイプ	不織布＆ 紡績用	EQ0	1.5-20	9	9	>100	—
		EQ2	1.5-2.2	11	8	>110	—
		EQ5	2.2	14	6	>110	—
	補強用	EQ0	5-20	10	7	>110	カット長 4-30mm
		EQ5	2	14	6	>110	
		REC	5-200	12-9	6	>110	
水溶性タイプ （熱接着）	常温水溶	WN2	1.5-3.0	4	28	≧5	≧110
	中温水溶	WN5	1.5-3.0	5	20	50	≧140
	熱水用	WN7	1.5-3.0	7	10	70	≧180
		WN8	1.5-3.0	7	10	80	≧180
		WQ9	1.5-3.0	9	10	95	—

いように思われる。

　ビニロン繊維は優れた物性（高弾性率、熱収縮率、耐熱性、接着性など）により、ゴム補強用繊維として有望であったが、類似の性能を有するPET繊維と競合した。現在も、特定の用途には使用されており、特に寸法安定性が要求される伝動ベルト、搬送ベルト、ゴムホース（自動車用ブレーキホース、燃料ホースなど）に適用されている[5],[6]。

4.4.2　ビニロン繊維の接着技術

　ビニロンは化学構造に水酸基（-OH）を含有しており、現在汎用的に使われている水系RFL接着剤を使用することができる。天然ゴム（NR）、スチレンブタジエンゴム（SBR）やイソプレンゴム（IR）など、汎用ゴムに対しては問題なく接着できる。ただし、特殊ゴムをマトリックスに使う場合には、親特殊ゴムに対応するゴムラテックスが少なく、他のゴム補強繊維と同様に、接着には工夫がいる。たとえば、エチレンプロピレンゴム（EPDM）に対しては、クロロスルフォン化ポリエチレン（CSM）、ポリブタジエンゴムラテックスなどの配合接着剤、

表4.24　ビニロン繊維に対する水系RFL標準処方（フィラメント用）[4]

	成分	wet	dry
RF液 （A液）	レゾルシン	17.0	17.0
	ホルマリン（40%）	39.0	15.6
	苛性ソーダ（10%）	15.0	1.5
	水（軟水）	429.0	0
合計	固形分（6.8%）	500.0	34.1
ラテックス （B液）	天然ゴムラテックス（60%）	87.5	52.5
	VPラテックス（40%）	125.0	50.0
	SBRラテックス（40%）	37.5	15
	苛性ソーダ（10%）	15.0	1.5
	水（軟水）	500.0	—
合計（A+B）	固形分（15.4%）	765.0	118
RFL液	固形分（12.0%）	1265.0	152.1

注）・RFL組成：R/F=1/3.6（モル比），RF/L=1/3.5（wt比），
　　・接着剤濃度：12%

さらには、ゴム糊などオーバーコート剤で対応する。最近、環境問題が懸念され、溶剤を用いるゴム糊を省略する方向に進んでいる。特殊ゴムに対する接着剤の開発はゴム補強繊維全般の課題である。ビニロン用水系RFL接着剤の標準組成は、古い文献であるが、参考のために、**表4.24**に示す[7]。

4.4.3　まとめ

　ビニロン繊維は日本が独自に開発した合成繊維である。産業資材用途として、これからもその特長を活かして使い続けられると推察する。ビニロン繊維の化学構造中は水酸基（-OH）を有するために、水系RFL接着剤を適用することができる。接着にとっては有利である。ゴム資材用途に関しては、非タイヤ用途であるゴムホースはPET繊維と競合していくと考えられるが、ビニロン繊維の優れた性能と特殊ゴムの接着技術とをうまく組み合わせながら開発すれば消費量も増えていく可能性はあると推察する。

【引用文献】
1) 加藤哲也；「やさしい産業繊維の基礎知識」（日刊工業新聞社），P60〜62（2011）
2) 櫻田一郎,谷口正勝；「繊維の科学」（三共出版），p129〜136（1963）
3) 桜木　功；繊維機械学会誌（繊維工学），**56**(3)，p20〜25（2003）
4) 中村寿夫；日本ゴム協会誌，**44**(3)，p220〜227（1971）
5) ゴム技術フォーラム編；「ゴム加工の未来をさぐる」ポスティコーポレーション，p33，p46〜47（1995）
6) 角田克彦；日本ゴム協会誌 **80**(10)，p375〜379（2007）

4.5 アラミド繊維

　アラミド繊維はアメリカ連邦通商委員会（FTC）により「2個の芳香環にアミド結合（-NHCO-）が直接少なくとも85％結合しているもの」と定義されている。アミド結合を有する脂肪族ポリアミド（ナイロン）と比較すると、アラミド繊維は力学的特性を含めた種々の性能が異なる。また、2個の芳香環の立体障害のために、繊維表面が不活性である。

　アラミド繊維にはパラ型およびメタ型がある。高強度、高弾性率に特徴を有するパラ型として、デュポンおよびエンカ（現在は帝人）が開発したケブラー®およびトワロン®、帝人が独自に開発した共重合型のテクノーラ®がある。一方、耐熱性、耐炎性に特徴を有するメタ型にはデュポンが開発したノーメックス®、帝人が開発したコーネックス®がある。

　パラ型およびメタ型アラミド繊維の特許を企業化したデュポンと帝人の2社が長く市場を二分してきた。しかし、最近では、韓国のコーロン、暁星および泰光産業[1]および儀征化繊（中国）[2]はパラ型アラミド繊維[2]、煙台泰和新材料（中国）[1]がパラ型およびメタ型アラミド繊維を生産している。デュポンおよび帝人の寡占状態から、韓国、中国が参入し、競争時代に入ったと言える[3]。

　図4.37にパラ型およびメタ型アラミド繊維の化学構造式を示した。

　ゴム補強繊維としてはパラ型およびメタ型のいずれのアラミド繊維も使われているが、力学的特性の優れるパラ型アラミド繊維が主として使われている。乗用車タイヤ補強繊維としては汎用的に使われていないが、最近では乗用車タイヤのスチールベルト上の全幅、またはベルト端上のみを周方向に配置されているキャッププライ（キャップコード）の繊維種として、アラミド繊維やアラミド/ナイロン繊維ハイブリッド部材が使われている[4]。タイヤ径成長やスチールベルト材の端末の動きを抑えて、高速耐久性の向上やベルト振動を抑える役割を果たしている。この用途にもパラ型アラミド繊維の用途が拡大している。航空機用タイヤや伝動ベルトやゴムホースなど非タイヤ用途にも補強繊維として展開されている。

　パラ型アラミド繊維は、耐久性が要求される伝動ベルト用心線として適用されているが、ベルト成形時にベルト端面が露出し、耐久性に影響するため、ベルト心線の単糸がほつれないようにほつれ防止を兼ねた接着処理が必須である。また、メタ型アラミド繊維は、短繊維や織物が接着処理の有無にかかわらず、ゴム物性の改良に用いられている。たとえば、伝動ベルト用ゴムの物性改良などに使われている。PET繊維と同様にアラミド繊維表面は不活性であり、ゴムとの接着技術の開発は大きな課題である[5]。

　なお、パラ型およびメタ型アラミド繊維はゴム補強繊維だけでなく、多くの用途に展開されている[5]～[6]。

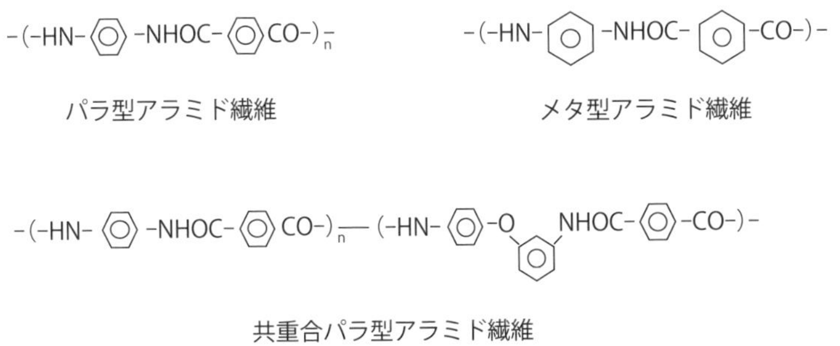

パラ型アラミド繊維　　　　　　　　　　メタ型アラミド繊維

共重合パラ型アラミド繊維

図4.37　アラミド繊維の化学構造式

パラ型アラミド繊維

　パラ型アラミド繊維の製法は以下の通りである。デュポンのポリパラフェニレ
ンテレフタラミド（PPTA）繊維は、**図4.38**のようにパラフェニレンジアミン
（PPDA）とテレフタル酸ジクロライド（TPC）を塩化カルシウム（$CACl_2$）、塩
化カルシウム（$LiCl_2$）などの触媒を溶解・懸濁させたN-メチルピロリドン中で
重合することで得られるポリマーを液晶紡糸して得られる。

　すなわち、PPTAポリマーを単離、乾燥後、**図4.39**に示したように20%濃度
に調整し、80℃に加熱し、液晶（ネマチック）状態で半乾半湿式紡糸（dry-jet-
spinning）を行って繊維化する。光学異方性液晶ドープは流動配向化しやすいの
で、PPTA分子は延伸しないまでもかなり高配向であり、高強力・高弾性率のパ
ラ型アラミド繊維（PPTA -reg.）が得られる。紡出糸を高温（500℃）で熱処理
をすれば、さらに高弾性率のPPTA繊維（PPTA-HM）が得られる。デュポン
は紡糸法などの工夫により**表4.25**に示したように、種々のグレードのケブラー®
（Kevlar®）繊維を市販している。トワロン®（Twaron®）にも2種のグレードが
ある。

$$H_2N-\!\!\langle\!\bigcirc\!\rangle\!-NH_2 + ClOC-\!\!\langle\!\bigcirc\!\rangle\!-COCl \longrightarrow -\!\!\{NH-\!\!\langle\!\bigcirc\!\rangle\!-HN-OC-\!\!\langle\!\bigcirc\!\rangle\!-CO\}_{\overline{n}} + HCl$$

　　　（PPDA）　　　　　　　（TPC）　　　　　　　　　　　　　　　　（PPTA）

図4.38　PPTAの反応式

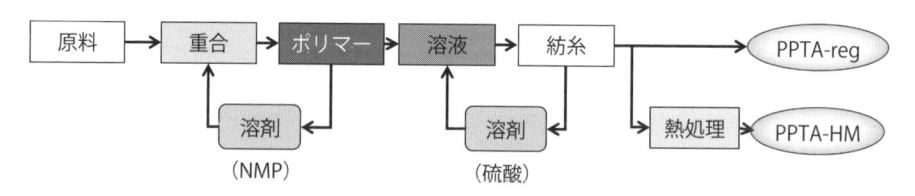

図4.39　パラ型アラミド繊維の紡糸法

表4.25　パラ型アラミド繊維の性能

項目	PPTA							共重合PPTA
	Kevlar®					Twaron®		Technora®
	29	49	119	129	149	reg	HM	reg
密度（g/cm³）	1.44	1.45	1.44	1.44	1.47	1.44	1.45	1.39
引張強度（GPA）	2.8	2.8	3.1	3.4	2.3	2.8	2.8	3.4
引張弾性率（GPA）	71.8	199	54.7	96.6	144	80	125	72
切断伸度（%）	3.6	2.4	4.4	3.3	1.5	3.3	2.0	4.6
LOI	29	29	29	29	29	29	29	25
耐熱性（%）	75 [*3]	75 [*3]	—	—	—	90 [*1]	90 [*1]	75 [*2]
耐アルカリ性（%）	—	—	—	—	—	—	—	84
耐酸性（%）	10	10	—	—	—	—	—	89
吸湿率（%）	7.0 [*4]	4.5 [*4]	7.8	6.5	1.5	7.0	3.5	3.0

注）＊1：200℃×48時間，＊2：200℃×1000時間，＊3：200℃×100時間，＊4：55%RH，23℃

　一方、1987年、帝人は独自技術により共重合タイプのパラ型アラミド繊維（PPODPTAテクノーラ®：Technora®）を市販した。テクノーラ®は①剛直性、②溶解性、③延伸性、④耐熱性などの条件を満足するように分子設計された。PPDA、TPCに加えて、第3成分として、屈曲性に富むエーテル結合を含むジアミン（3,4'-ジアミノジフェニールエーテル：3,4'ODA）を配合し、N-メチルピロリドン（NMP）中で共重合させる。反応式を図4.40に示す。

　テクノーラ®の紡糸法は、図4.41に示すように、共重合ポリマーを単離することなく、等方性共重合ポリマー溶液を半乾半湿式紡糸し、乾燥後さらに高温（約500℃）・高倍率（約10倍）で超フロー延伸して得られる。合理的な紡糸法と言える。テクノーラ®繊維は、通常のPPTA（ケブラー®やトワロン®）繊維に比較して高強度・高伸度であり、耐疲労性が良好である。ゴム複合材料用補強繊維として最適である。

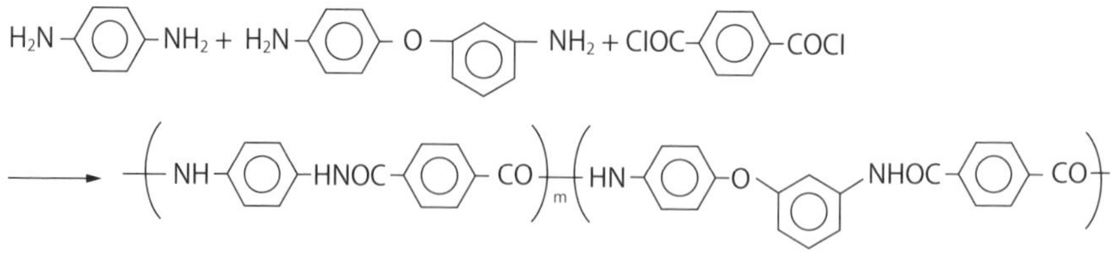

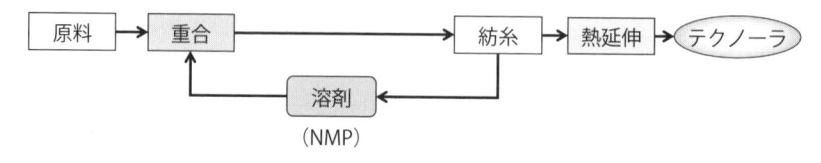

図4.40　テクノーラ®の反応式

原料 → 重合 → 紡糸 → 熱延伸 → テクノーラ

溶剤
（NMP）

図4.41　テクノーラ®の紡糸法

メタ型アラミド繊維

　メタ型アラミド繊維はデュポンのノーメックス®（Nomex®）および帝人の
コーネックス®（Conex®）はともに同じ化学構造である。化学反応式に示した
ように、メタフェニレンジアミン（MPD）とイソフタール酸ジクロライド
（IPC）を重合したポリマーから得られるメタフェニレンイソフタラミド
（MPIA）である。両繊維は重合方法および紡糸方法が異なる。

　ノーメックス®は溶液重合/乾式紡糸の組合せに対して、コーネックス®は界面
重合/湿式紡糸の組合せである。コーネックス®の場合には、延伸倍率・熱処理
条件を変更することによって、種々の用途に対応できる高強力タイプ、原着タイ
プの製造が可能である。単糸太さも0.9～14.3dtexと広範囲に製造できるのが特
徴と言える。**図4.42**に化学反応式と製糸方法を示す。メタ型アラミド繊維の基
本物性、特に力学的特性は汎用の合成繊維と大差ないが、耐熱性および難燃性が
良好であることが特徴である。この特徴を生かした用途開発が進んでいる。ゴム
複合材料用補強繊維としては、主として、短繊維（カットファイバー）が使われ
ている。代表的な物性を**表4.26**に示す。

（反応式）

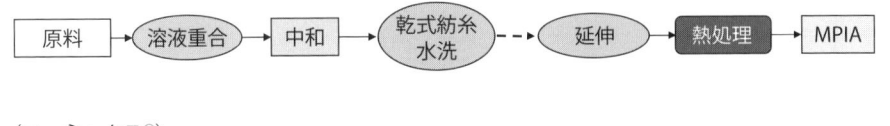

（ノーメックス®）

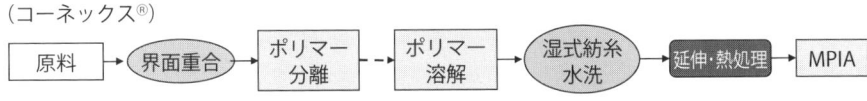

（コーネックス®）

図4.42　メタ型アラミド繊維の反応式と製糸方法

表4.26　メタ型アラミド繊維の物性

項目		コーネックス®	PET	ナイロン66
引張強度	cN/dtex	4.4～4.9	4.2～5.8	3.7～6.6
切断伸度	%	35～45	20～50	20～60
ヤング率	Kg/cm²	800～1000	310～870	100～300
引火点	℃	615	485	485
発火点	℃	>800	525	580
LOI値	—	29～32	20～21	20～21
分解温度	℃	400～430	255～260	250～260
水分率	%	5.0～5.5	0.40.5	5.05.5
比重	—	1.38	1.38	1.14

注）繊維形状：ステープル
　　LOI（limited oxygen index）：限界酸素指数（試料が燃え続けるために必要な混合ガス（窒素と酸素）中の最低酸素濃度

4.5.2　アラミド繊維の接着技術

　アラミド繊維は、その化学構造から疎水性表面であると推定される。ナイロン繊維と同様に親水性のアミド結合（-NHCO-)、アミノ基（-NH$_2$）やカルボキシ基（-COOH）を有するが、芳香環であるベンゼン核の立体障害が接着性に影響する。

　そのため、レーヨン繊維やナイロン繊維のように水系RFL接着剤処理のみでは、ゴムとの接着性が発現しない。PET繊維と同様に水系RFL接着剤を第二浴接着剤として適用することを前提に、これまで、PET繊維と同様にアラミド繊維と親和性を有する第一浴接着剤（表面処理剤）の開発が行われてきた。

　ゴム補強用繊維の接着剤開発については、古くはY.Iyengarの研究が著名である[11]。Y.Iyengarは繊維表面と接着剤につき、親和性（H結合）および相溶性（拡散）の面から論じている。アラミド繊維表面の活性基（-NH$_2$、-COOHなどの末端基、-NHCO-結合）と接着剤が反応し、化学結合を形成（一次結合）するとは考えづらく、水素結合により相互作用することや、エントロピーの面（すなわち、相溶性や拡散）からアラミド繊維と接着剤が類似のδ（SP値）を持つことであると述べている。化学反応性の付与はアラミド繊維の表面を改質することである。不活性表面を有する補強繊維に対する共通の考え方である。

　以上から、アラミド繊維の接着技術開発においては、

1）アラミド繊維の表面処理剤（加工剤）の開発
2）アラミド繊維表面の化学もしくは物理改質
3）両者の組み合わせ

が、長期間にわたり研究開発が続けられている。この考え方は不活性表面を有する繊維に共通である。

アラミド繊維の表面

　図4.38に示したメタ系およびパラ系のアラミド繊維の化学構造は、化学的に活性なアミド結合（-NHCO-)を含んでいる。しかし、その両サイドに存在する芳

香環の立体障害により、ナイロン6や66に代表される脂肪族ポリアミド繊維のような活性を示さないことはすでに述べたとおりである。アラミド繊維表面が疎水性であることを実証するために、林らはパラ型アラミド繊維を濃硫酸に溶解し、フィルムを作り、接触角を測定した。その結果、フィルムの作成法により異なるが、おおむね78〜82°の接触角を示した[12]。このことは、PET繊維と同様に疎水性表面であると言える。パラ型アラミド繊維の接触角もアラミドフィルムとほぼ同じ値を示すものと推定される。表面解析結果から疎水性表面であることを明確にした研究結果として価値がある。現在は単繊維で接触角測定も可能になっているが、アラミド繊維の接触角に関する公表されたデータは見られない。

アラミド繊維の表面処理技術の開発

先述のY.Iyengarは、エポキシ/RFL接着剤、エポキシ/イソシアネート系ゴムのりの2種類の接着剤開発を報告している[11]。これまでの研究開発では、圧倒的に脂肪族エポキシ化合物の適用例が多い。

---

① 原糸製造時に、油剤中にエポキシ化合物を配合し、エポキシ処理した（前処理）糸を製造し、その後、撚糸（さらに製織）し、水系RFL処理を行う（1浴接着処理技術）。

② 原糸を撚糸（→製織）後、第一浴接着剤としてエポキシ系接着剤で処理し、第二浴接着剤として、水系RFL接着剤で処理する（2浴接着処理技術）。

これらのエポキシ系化合物で処理する方法は、すでにPET繊維の接着技術紹介時に詳細に述べた。PET繊維の接着技術の延長線上にある技術といえる。油剤中にエポキシを加えて、パラ型アラミド繊維製造中にエポキシ化合物を付与する方法、いわゆる前処理糸に関する特許に関して、配合組成や工程通過性の観点から特許出願されている[13]。

エポキシ系化合物の具体的な配合接着剤組成については、各社のノウハウになっていると推察される。著名な接着剤組成はデュポンが開発したケブラー®繊維用処方（IPD24/D5C）である。**表4.27**[11),14)]に紹介する。

接着処理後のアラミド繊維とゴムを接着させた試験片の剥離後の状況は、繊維

表4.27　アラミド繊維用接着技術の一例[11), 14)]

	成　分	配合量	固形重量
第一浴接着剤 （サブコート）	水（軟水，75-78°F）	9.694	—
	苛性ソーダ（10%）	0.028	0.0028
	エアロゾールOT（5%）	0.056	0.0028
	グリセリングリシジルエーテル（NER010A）	0.222	0.222
	合計	10.000	0.2276
第二浴接着剤 （トップコート）	水（軟水,75-78°F）	141.0	—
	水酸化アンモニウム（28%）	6.1	1.708
	RF初期縮合物（市販品：75%）	22.0	16.500
	VP ラテックス	244.0	100.040
	ホルマリン（37%）	11.0	4.070
	水（軟水，75-78°F）	58.0	—
	HAFカーボン分散液（25%）	60.3	15.075
	合計	542.4	137.393

注）硬化温度：第1浴232℃，第2浴246℃ 各1分間

層の破壊が見られることが多い。パラ型アラミド繊維のミクロフィブリル化が起こりやすいことから発生する。このことも一つの課題となっている。

　しかし、現在もパラ型アラミド繊維は高強度、高弾性率のゴム補強繊維として、また、メタ型アラミド繊維も主として短繊維補強として使い続けられていると推定される。接着技術に関しては、エポキシ系処理剤を第1浴接着剤に使い、第2浴接着剤には水系RFL接着剤が標準的な処方として使われていくのであろう。

アラミド繊維の化学的、物理処理による表面改質

　ゴムや樹脂との接着性を向上させるために、エポキシ化合物以外のアラミド繊維表面を化学的、物理的に改質し、活性化する試みも多く研究されている。特許や研究論文の情報に限られているが、現在も研究・技術開発は継続されていると推定する。しかし、実用化技術は見られない。最近の表面処理技術を概観する。

（1）化学処理法

これまで、アラミド繊維の表面処理剤はエポキシ系が中心であったが、同一分子中にイミダゾール基とアルコキシシリル基を有するイミダゾールシラン系化合物を処理する処方が特許化[15]されている。この特許では、水溶性エポキシ樹脂オリゴマーやリン化合物の併用組成も接着改良効果があると記載されている。アラミド繊維の水分率も接着改良に影響も及ぼすと記載される。水分率を高く保つのは、微細構造中への表面処理剤の含侵のためである。この特許はどちらかというと樹脂との密着性向上のために開発された表面処理剤であるが、水系RFL接着剤との相互作用が期待される。ゴムとの接着にも効果があると考える。

また、アラミド繊維の表面改質方法として、（a）酸溶液と一定時間接触させ、前処理されたアラミド繊維を形成し、（b）次いで、カップリング剤（ビニル置換化合物、ビニル置換シリコン化合物）に浸漬し、（c）マイクロ波加熱装置で照射する方法や機械的に角度をつけて屈曲する方法など、複数の処理方法を組み合わせる特許が出願[16]されている。酸処理はアラミド繊維表面に粗さを付与するために効果がある。パラ型アラミド繊維の場合には、屈曲によりキンクバンドが発生するが、このことも表面粗さを与える。これらの処理により、ゴムとの接着性は向上する。複合的な処理法であるが、興味ある方法である。

（2）物理処理法

アラミド繊維の表面活性化法に関しては、プラズマ処理法、エキシマレーザー法の研究例がある。繊維表面への官能基の導入やエッチング効果が期待されるが、よく知られているように経時退行により接着改良効果が減少する。プラズマ処理技術がエポキシ/水系RFLの2浴処理技術の代替の可能性に言及した論文では、否定的な見解であった[17]。

すでに、4.3節でPET繊維の物理処理を紹介したが、最近では、減圧下で処理する低温プラズマ処理から大気圧で処理可能なプラズマ処理が、装置の開発によって可能になっている。物理処理法と重合性モノマーなど、表面処理剤との組み合わせによる表面改質、表面処理が望ましいと思われる。

筆者らはPET繊維と同様にパラ型アラミド繊維織布表面に、各種ナイロン樹脂をイオンプレーティング類似法で被覆後、水系RFL処理し、ゴムとの接着力

を評価した。接着性評価結果（指数表示）を**図4.43**に一例として示した[18]。確かに、接着性改良効果が見られる。

この結果から、物理処理法は重合性モノマーなど表面処理剤の併用や、表面活性化剤の組み合わせが一つの方法であることを示唆している。しかし、実用化のためには課題も多く、さらなる研究の進展が必要である。研究の動向については留意すべきである。その他、アラミド繊維表面改質や表面処理に関する研究例が見られる[19]。

第二浴接着剤（RFL）

アラミド繊維の接着処方では、第二浴接着剤として水系RFL接着剤を使用するのが一般的である。

デュポンRFL組成はD-5AおよびD-5Cと名付けられている。カーボンブラックを配合したD-5Cがアラミド繊維に対して用いられている。良好な接着を得るのに最適であると推察する。レゾルシンホルムアルデヒド（RF）樹脂としては、レゾルシンとホルムアルデヒドからRF樹脂を作成する方法と、市販のRF初期縮合物を適用する方法がある。RF初期縮合物配合が接着工程の短縮化の観点から好ましいと思われる。その他、水系RFL接着剤にブロックドイソシアネート[20]やトリアジン化合物[21]を配合し、接着力を向上させる工夫が実施されているようである。

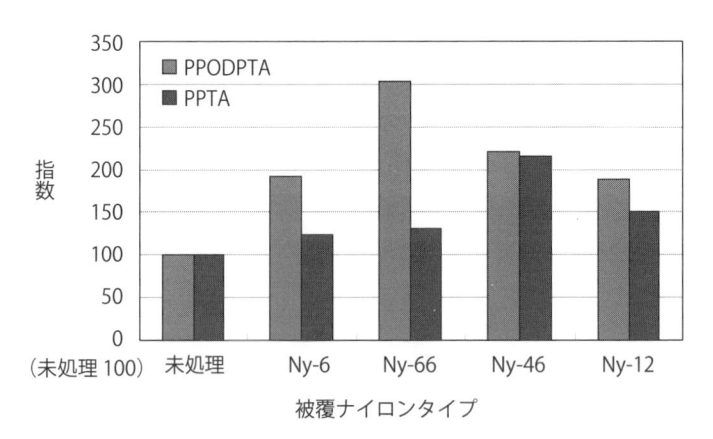

図4.43　ナイロン被覆アラミド繊維のゴムとの接着性[18]

ほつれ防止加工

　パラ型アラミド繊維補強ゴム複合材料の用途の一つとして、伝動ベルト用心線がある。伝動ベルト用心線の補強繊維はPET繊維の需要量が多いが、ガラス繊維も使われている。パラ型アラミド繊維が心線として使われるのは、寸法安定性の良好な耐久性のよい伝動ベルトが期待されるからである。

　しかし、VベルトやVリブドベルトなど伝動ベルトの多くは、ベルト端面が露出している。そのためパラ型アラミド繊維心線も露出し、伝動中に金属、樹脂などのプーリーと摩擦し、単糸がホツレて飛び出す可能性がある。単糸がホツレて飛び出すと、耐久性が低下する。それゆえ、単糸がほつれない接着処理が求められてきた。特にパラ型アラミド繊維は単糸も細く、フィブリル化を起こしやすい。このフィブリル化を抑えることも重要である。技術開発のポイントは、接着剤を単糸1本1本に被覆することである。水系接着剤を撚糸後に含浸することは、なかなか難しく、いろいろな方法で検討されている。たとえば、以下のような方法がある。

---

1) 原糸を無撚、もしくは甘撚の状態でエポキシもしくはイソシアネート化合物などを加熱処理後、水系RFL接着剤で加熱処理して、加撚（下撚および上撚）する方法[22]~[23]
2) 原糸を無撚でVPラテックスを含む接着剤で塗布、加熱処理後撚糸する方法[24]
3) インターレースを実施し、単糸を交絡させ接着処理する方法[25]
4) 扁平な断面形状を有する原糸を撚糸し、接着処理する方法[26]

　伝動ベルトは、ホツレが防止できても、耐久性や柔軟性が必要であり、これらの特性を満足させなければならない。上記の各方法は、それぞれ一長一短があり、各社とも技術開発を継続しているものと推定する。筆者らも真空加圧含浸法[27]なども検討したが、装置の課題もあり、実用化には結びつかなかった。

4.5.3 まとめ

　アラミド繊維の製法、物性および接着処理の概要を述べた。力学的性能に優れ

たパラ型アラミド繊維および熱的性能に優れたメタ型アラミド繊維は、高性能、高機能繊維としてゴム補強分野だけでなく、多くの用途が拡大している。しかし、アラミド繊維の表面は不活性であり、これまでに種々の表面処理技術や接着技術が研究されてきた。まだ十分ではなく、アラミド繊維特有の技術はない。

現在はPET繊維と同様、主として脂肪族エポキシ化合物を配合した表面処理剤が、油剤成分と併用して原糸製造時（前処理糸）あるいは第一溶接着剤として処理される。その後、水系RFL接着剤で処理する処方が、変性処方も加えてゴム複合材料の用途に応じて適用されていると推察される。

ローエッジ伝動ベルトに応用される場合には、ホツレ防止が必要である。この場合には、前処理糸を適用もしくは撚糸前に処理し、単糸を密着させる加工工程の工夫がみられる。含侵性向上を含めて多くの特許が出願されている。

プラズマ処理法は、化学処理法に比較して否定的な見方もあるが、大気圧プラズマ処理装置も開発されており、応用は拡大するものと期待している。いろいろな課題はあるが、さらなる進展が期待される。

【引用文献】

1) 日本化学繊維協会編；「繊維ハンドブック 2024」（日本化学繊維協会資料頒布会），P285（2023）
2) 業界ニュース（2014.9.20），p-1
https://www.jcfa.gr.jp/mg/wp-content/uploads/2018/12/1003news.pdf
3) ニュースイッチ（日刊工業新聞社）（2017年10月1日）https://newswitch.jp/p/10581
4) 稲田則夫；繊維学会誌, **64**(9), p283〜286（2008）
5) 高田忠彦；繊維学会誌, **54**(1), p-3〜7（1998）
6) 野間　隆；繊維学会誌, **56**(8), p-241〜247（2000）
7) H.Mera, T.Takata; "Ullmann's Encyclopedia of Industrial Chemistry", Vol.A13, p3-8, p11-15（1989）
8) 太田利彦, 功刀利夫, 矢吹和之；「高強度・高弾性率繊維」（共立出版）, p64〜88（1988）
9) 高田忠彦；成形加工, **17**(5), p312〜316（2005）
10) 高田忠彦；繊維学会誌, **44**(2) p-67-73（1988）
11) Y. Iyengar; J. Appl. Poly. Sci., **22**(3) 801-812（1978）

12）林　正之，加藤良一，酒井哲也；繊維学会誌，**38**(4)，T-147-152（1982）

13）東レ・デュポン；特開2013-57146、特開2021-134445

14）久木　博，森　修；日本ゴム協会誌，**63**(1)，p33〜45（1991）

15）東レ・デュポン；特許第3193344号（2001.5.25）

16）ユニバーシティ オブ マサチューセッツ アマースト＆ブリヂストン；特開2021-101056，特開2023-99165

17）Pieter J. de Lange & Peter G. Akker；https://www.tandfonline.com/doi/abs/10.1163/016942411X580036

18）高田忠彦，古川雅嗣；未発表

19）Bo Zhang, Xiaoming Shao, Tianze Liang, Wencai Wang, Ming Tian, Nanying Ning, Liqun Zhang；https://onlinelibrary.wiley.com/doi/abs/10.1002/app.51011

20）東レ・デュポン；特開2021-161569

21）東レ・デュポン；特開2019-26948

22）帝人；特開平6-207380

23）バンドー化学；特開平9-210139

24）日本板硝子；特開2010-1570

25）東レ・デュポン；特開2017-82352

26）東レ・デュポン；特開2023-149305

27）帝人；特開平8-100370

4.6　ガラス繊維

　無機繊維の一種であるガラス繊維は強度、弾性率が高く、耐熱性、耐水性および耐薬品性に優れている。寸法安定性も良い。この特性を生かして、樹脂複合材料として著名である。ゴム複合材料の補強繊維としても有望と考えられ、長年開発研究が実施されてきたが、実用途は少ない。その理由は、ゴムとの接着性が悪く、屈曲疲労や摩耗疲労が弱いという欠点を有するからである。

　複合材料用ガラス繊維の詳細については、関連の成書[1)~3)]を参照されたい。ゴム補強ガラス繊維に関しては、佐久間の総説[4)]が参考になる。

本節では、ガラス繊維について製法、物性などの概要を述べ、屈曲疲労性、摩耗疲労性を考慮に入れた接着技術について述べる。

4.6.1　ゴム補強繊維としてのガラス繊維

　ゴム補強繊維としてガラス繊維は古くから注目されていたが、屈曲や摩耗性が弱いという欠点のために実用化されなかった。オーエンスコーニング社（OCF）によりゴム補強用ガラスコード用処理技術が開発され、タイヤ、伝動ベルトなどに適用が可能となった。当初、ガラス繊維は伝動ベルトの一種である歯付きベルトの心材として開発され、成功を収めた。次いで、タイヤ補強繊維としてバイヤスタイヤのカーカス材に適用されたが、走行距離が短く、失敗に終わった。その後、ラジアルタイヤの欠点を除くタイヤとしてバイヤスベルテッドタイヤのベルト材として実用化され、この分野への応用が反響を呼び、需要量も伸びると予想された[4]。しかし、筆者の推察であるが、このコードはコストも高く、ラジアルタイヤカーカス材としてのPET繊維やベルト材のスチール繊維の台頭の影響により、ガラス繊維の需要量は減少した。現在、ガラス繊維は寸法安定性が要求される自動車、産業機械およびOA機器の歯付きベルトの補強繊維（心線）として適用されている。

　ゴム補強用として使われるガラス繊維はEガラス（無アルカリガラス）である。Eガラス繊維は他のガラス繊維（C、S、Dなど）に比較して、シリカ含有率が低く、逆にアルミナ含有率が多い。**表4.28**にE、CおよびSガラス繊維などの組成[5]を示す。

　また、**表4.29**にEガラスの力学的性能[6]を示す。

　ガラス繊維は高引張強度、高弾性率を有し、物性の温度依存性が小さく、伸長弾性回復が良好（ほぼ弾性変形）であるために、寸法安定性も良好である。

　しかし、冒頭に述べたように、ガラス繊維の欠点の一つはフィラメント間の相互摩擦に弱く、動的屈曲疲労性が低いことである。また、ゴムとの接着性が低く、歯付きベルトの心線に適用するには、これらの課題を克服する必要がある。したがって、ガラス繊維をゴム補強用繊維として使用する場合には、ゴムとの接着性を改良するだけでなく、耐摩耗性、動的屈曲疲労性の向上を意識した表面処

表4.28　ガラス繊維種の組成および物性[5)]

ガラスの種類		Eガラス	Cガラス	Sガラス	Dガラス	NCRガラス
化学組成 (wt%)	SiO$_2$	53	65	64	72	55〜60
	Al$_2$O$_3$	15	4	25	1	10〜14
	CaO	21	14	—	1.0	20〜28
	MgO	2	3	10	—	
	B$_2$O$_3$	8	6	—	23	—
	Na$_2$O+K$_2$O	0.3	8	0.3	2.5	0〜1
物性	比重	2.55	2.49	2.49	2.16	2.65
	軟化点（℃）	840	749	970	771	880
	誘電率 1MHz @ 22℃	6.13	6.79	5.21	4.00	6.7
	弾性係数 （GPa）	72.6	68.6	85.3	52.0	
特徴		電気絶縁性、一般用	耐酸性	高強度	低誘電率	耐酸性 耐食貯槽 タンク

注）NCR：日東紡製ガラス繊維

表4.29　Eガラスの物性[6)]

特 性	Eガラス	T（S）ガラス	NCRガラス
密度	2.58	2.49	2.65
引張強さ（23℃）（GPa）	3.43	4.61	3.43
引張弾性率（GPa）	72.5	84.3	72.5
熱膨張係数（×10^{-6}）	5.3	2.8	5.5
屈折率	1.558	1.524	1.579

理および接着処理技術でなければならない。

4.6.2　ガラス繊維の製法[2), 5), 7)]

　ガラス繊維の製法は、①ガラス原料を溶融炉の中、高温で溶融ガラスとし、紡糸ノズルから押出して製糸する方法と、②ガラス原料を溶かしてマーブルと呼ば

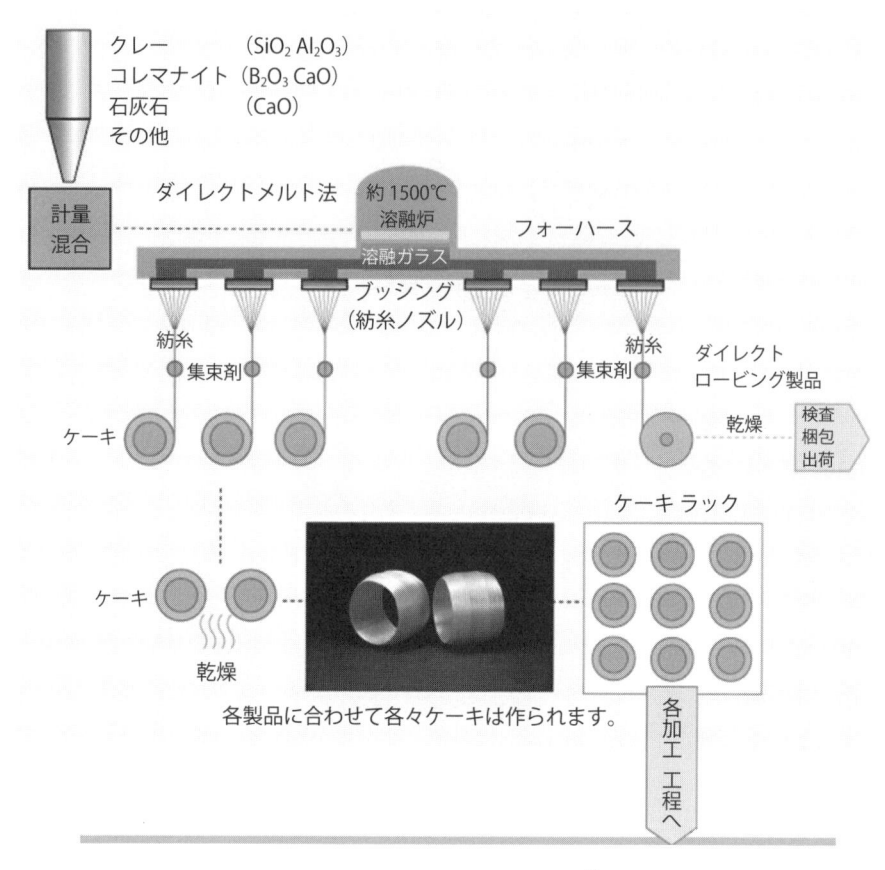

図4.44　ガラス繊維の紡糸法[7]

れる小球を作り、それを再び溶かして紡糸する方法がとられている。

　一般的には前者①が実施されている。**図4.44**にガラス繊維の紡糸工程を示す[7]。1600℃で溶融したガラス原料を約3000mの速度で紡糸されたガラス繊維は高速で引伸ばし、冷却固化して巻き取る。その間に、後述の集束剤を付与する。その後、目的に応じた工程を経て、撚糸コード、チョップドストランドやロービングに加工される。

4.6.3　ガラス繊維の集束剤処理

　ガラス繊維は、紡糸、撚糸、合撚や製織時に損傷を受けやすく毛羽が出やすいため、これらを防止するために集束剤処理が実施される。また、ガラス繊維とゴムマトリックスとの接着性をあげるために、ガラス繊維と親和性を有する表面処理剤が集束剤に配合し処理される。ガラス繊維用表面処理剤としてはシラン類（たとえば、シランカップリング剤）やボラン類があげられる。集束剤の組成は、後の工程の接着処理に影響を与えないことが重要である。集束剤の配合成分が影響を与えない場合には、シラン類やボロン類のガラス用表面処理剤が集束剤に混合されて処理されるが、樹脂、ゴムなどのマトリックスとの接着を阻害する場合には、撚糸、製織後、ヒートクリーニングや水洗で集束剤を除去し、表面処理剤を処理する場合もある。しかし、工程を増やすことは、コスト的にも好ましいことではなく、後工程に影響を与えないように、集束剤組成が工夫されている。

　集束剤に配合されるゴム補強用ガラス繊維表面処理剤はシラン類のうち、シランカップリング剤である。シランカップリング剤の種類や配合率もガラス繊維メーカーのノウハウと推定される。配合されるシランカップリング剤の一般式と反応式を図**4.45**[8)]に示す。使用されるシランカップリング剤の種類は、特許情報などから判断すると、主としてアミノシランやエポキシシランである。シランカップリング剤を含んだ集束剤のガラス繊維への付着率は0.5％前後と推定され

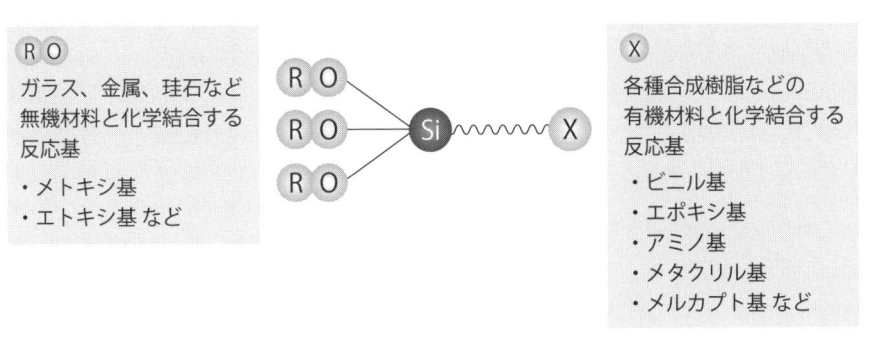

図4.45　シランカップリング剤と反応式[8)]

る。アミノシラン類は多く市販されており、3-アミノプロピルメトキシシランが代表的なシランカップリング剤である。また、エポキシシラン類も集束剤に配合され使用されており、代表的な例として3-グリシドキシプロピルトリメトキシシランがあげられる。

　ゴムマトリックス用ガラス繊維の集束剤は、ガラス繊維親和性と繊維損傷や毛羽防止など集束剤としての要求性能を満足することが必要である。一般的には、シランカップリング剤と澱粉や各種ゴムラテックス（たとえばカルボキシル化SBR[9]、カチオン性重合体エマルジョン[10]、水素化ニトリルゴム[11]など）配合の配合組成が提案されている。さらに、集束剤としての特性だけでなく、ゴム補強用ガラス繊維としての性能を満足させるために、多くの改良組成が提案されている。集束剤処理条件はコード構成によって異なるが、たとえば、一定濃度の集束剤を単繊維200本（直径約 $9\mu m$ /本単繊維のEガラス）に処理し、加熱（100℃以上×短時間）もしくは非加熱で乾燥させる。この場合に重要なことは、単繊維が結束し後工程で処理される接着剤の含浸性を阻害しないことと、柔軟であることである。固くなるとガラス繊維が破損しやすくなり、毛羽も出やすくなる。もちろん、集束剤がガラス単繊維の表面に均一に被覆されることが望まれる。また、集束剤処理のみでガラス繊維とゴムマトリックスの接着性を得るため、マトリックスゴムに対する親和性（相互作用）を有する成分を配合することもある。ガラス繊維の損傷防止や毛羽保護の性能も必要であり、成分の配合にはかなり工夫がいる。たとえば、アミノシラン＋カルボキシル化スチレン-ブタジエンラテックス[9]、アミノシラン＋カチオン性重合体エマルジョン[10]やアミノシラン＋水素化ニトリルゴムラテックス配合[11]などが接着用集束剤として特許出願されている。さらに、最近のセントラル硝子の特許から一例[12]を紹介する。狙いは①ゴム用接着剤の含浸性が良好で、②ケーキ水分率変化がほとんどなく、③ガラス繊維の引張強さやゴムとの接着強さが安定な、④加熱乾燥後の毛羽が少ない集束剤である。組成は、下記に示すとおりである。

・アミノシラン（5〜50重量％）
・エポキシシラン（1〜15重量％）

・スチレン-マレイン酸樹脂半エステル（35～85重量％）
・ポリオキシエチレンアルキルエーテル（5～60重量％）

　固形分濃度は1.0～5.0重量％（最適固形分1.5～3.0重量％）、PH：7～11に調整される。この組成の集束剤を0.1～0.8重量％付着させる。最適付着量は0.2～0.5重量％である。

4.6.4　ガラス繊維の接着処理

　接着処理は繊維種とゴム補強用途によって異なる。通常の有機繊維（たとえばレーヨン、ナイロンやPETなど）のタイヤコード用途では、ゴム用汎用水系接着剤である水系RFLをゴム補強繊維コード外層から2～3層まで含浸する。接着剤付着量は10%以下である。単繊維の1本1本に被覆処理する必要はない。通常の乾燥・硬化条件が適用される。

　しかし、ガラス繊維の場合は摩耗疲労性が低い。そのため、摩耗疲労性や屈曲疲労性を改良するには、ガラス繊維の単繊維1本1本を接着剤で被覆することが必須であり、接着剤付着量も必然的に10%以上である。ガラス単繊維同士の摩耗を防ぐためにガラス単繊維を被覆するには、接着処理にかなりの工夫がいる。

　ガラス繊維の接着処理は表面処理剤を配合した集束剤処理後に行われる。接着剤としては、ゴム用有機繊維と同様に、水系RFL処理が行われている。しかし、有機繊維の場合はコード状態で処理されるのに対して、ガラス繊維の場合は集束剤処理したガラスヤーンを何本か引き揃えて処理されている。この場合も接着剤付着量は10%以上である。通常、乾燥、硬化後、撚糸が行われる。すでにヤーン状態で接着剤が処理されるので、接着剤はガラス繊維単糸に十分に被覆されており、単糸間の摩耗を受けることが少ない。

　接着剤としては、一般のゴム用水系RFLだけではなく、フェノールホルムアルデヒド（PF）縮合体を用いる水系PFLなども開発されている[13]。水系PFLに金属塩（たとえば12-ヒドロキシステアリン酸カルシウム）を併用する場合もある。PFLおよび金属塩の効果で耐熱性、耐水性および耐油性が向上し、かつ経時による接着力低下が少ないと言われる[14]。水系RFL樹脂は、経時により硬化

していくが、PFL樹脂の場合には、硬化の速度が遅いことが耐久性向上に寄与すると考えられる。ガラス繊維メーカーは、硬化の遅い接着剤組成の開発に注力していると推察される。最近では、性能に特徴を有する多くのマトリックスゴム（特殊ゴム）が使われており、RFLやPFLなどの水系接着剤処理のみでは接着力を満足させることができず、オーバーコート剤で処理する場合も多く実施されている。特に、歯付きベルトのマトリックスゴムは、耐熱性の良好な水添H-NBRが使われることが多くなってきた。そのため、マトリックスゴムを溶剤に溶解したオーバーコート剤処理することにより、良好な接着力を得られる。この処理は、ベルトの耐久性向上に対して、大きな効果を示す。

歯付ベルト用ガラス繊維の接着技術の一例を**表4.30**で特許[15]から紹介する。

ガラス繊維（$9\mu m \times 200$本$\times 3$本　集束）に第1浴接着剤（固形分17wt％）を付着させ、250℃で1分間乾燥後、4.0回/2.54cm Z撚（下撚）をかけた後、11本引き揃え、さらに、2.1回/2.54cm S撚（上撚）をかけ、オーバーコート剤を付与する。マトリックスゴムH-NBRゴム100wt部（カーボンブラック30wt部＋亜鉛華10wt部＋老化防止剤2wt部＋架橋剤6wt部＋共架橋剤5wt部＋可塑剤5部配合）と接着処理ガラス繊維から、タイミングベルト4本試作し、多屈曲耐久性試

表4.30　歯付ベルト用ガラス繊維の接着技術[15]

水系RFL接着剤組成 第一浴剤 （wt：重量の意味）	R/F（1/0.7モル比）アルカリ触媒縮合樹脂水溶液（23wt％）	12wt部
	VPラテックス（日本ゼオン社製2518FS：40.5w％）	31wt部
	NBRラテックス（日本ゼオン社製1562：41wt％）	36wt部
	CSMラテックス（住友精化社製450：40wt％）	5.5wt部
	鉱油乳化物（鉱油含有量55wt％）	2.5wt部
	アンモニア水（濃度18wt％）	1.5wt部
オーバーコート剤 （下記組成100wt部 をMEK750wt部に 溶解）	H-NBR（日本ゼオン社製ZP2000）	100wt部
	酸化亜鉛（堺化学社製　亜鉛華1号）	10wt部
	ジメタクリル酸亜鉛（浅田化学社製R-20S）	15wt部
	シリカ（カーブレックス#67　塩野義製薬社製）	30wt部
	ジクミルパーオキサイド（日本油脂社製パーミクルD）	5wt部

表4.31　伝動ベルト疲労性テスト結果[15]

			実施例	比較例
a	ベルト強度（kgf）	走行テスト前	1,100	1,100
		走行テスト後	913	605
b	耐久時間（Hr）		200	40

験（100℃雰囲気下：6000rpm）屈曲耐久試験を行い、強度低下を測定した。結果を**表4.31**に示した[15]。従来の接着処理に比較して、著しく耐久性が向上した。

　ガラス繊維の接着処理は、接着剤付着量が多いために、生産時にガムアップを起こしやすく、十分な管理が必要である。また、原糸（ヤーン）状で集束剤を処理し、さらに、原糸を引き揃えて接着処理を行う。撚糸においても、スカム発生を起こし易やすいと推定され、撚糸機の管理もきわめて重要であると考える。ガムアップや撚糸アップ防止などはガラス繊維加工メーカーで工夫して処理されていると推察される。

4.6.5　ガラス繊維と他繊維の物性比較

　ガラス繊維と他の有機繊維および金属繊維のスチールと物性を比較した場合の結果を**表4.32**[4]に示した。汎用的に使用されているレーヨン、ナイロンおよびPETと遜色ない物性を示すが、耐久性が著しく劣り、この性能が大きな課題であるとわかる。金属繊維であるスチールとの比較では、比重が低く比強度が優れることがわかる。

4.6.6　まとめ

　ガラス繊維の力学的、熱的性能は、これまで記載してきたように補強繊維としてきわめて優れている。樹脂用補強繊維として、汎用的に適用されている理由がよくわかる。一時は、タイヤ用補強繊維として期待された時期もあったが、屈曲や摩耗に弱い点から動的疲労を受けるタイヤコードには適用されなくなった。

　バイヤスベルテッドタイヤのベルト材に期待される時期もあった。現在では、伝動ベルト用コードとして歯付ベルトの心線の用途で展開されている。力学的性

表4.32　ガラス繊維コードの物性比較[4]

項目	レーヨン	ナイロン	PET	ガラス	スチール
強度（g/d）	4.0	7.5	7.5	8.0	3.8
強力（低速）（kg）	27.7	30.5	35.5	34.1	15.4
（高速）（kg）	32.2	32.2	35.5	43.2	31.5
切断伸度（%）	13.0	19.0	17.0	4.0	3.0
弾性率比	100	50	100	1,000	1000
寸法安定性（%）					
収縮	0.9	6.0	3.0	0.1	0.1
伸び	2.0	8.0	3.0	0.1	0.1
吸湿変形	11.0	3.5	0.3	0.1	0.1
耐熱性比	100	150	210	1000	1000
湿潤強度（%）	60	90	99＋	99＋	99＋
耐久性比	100	150	165	10	10
フラットスポッティング	0.29	1.20	0.30	0.10	0.10
比重	1.52	1.14	1.38	2.52	7.83
ゲージ（mm）	0.94	0.79	0.75	0.53	0.35

能、線膨張係数を含めた熱的性性能が優れるガラス繊維は歯付きベルト心線用途に適しており、課題である耐屈曲性、耐摩耗性を加味した接着技術の開発が続けられ、課題を克服し、現在の地位を獲得したものと推察する。今後、さらなる用途の拡大には、接着性、耐摩耗性および耐屈曲疲労性の3つの性能を同時に向上させる水系接着の技術開発が必要である。

【引用文献】

1）影山尚義；「硝子長繊維」（影山技術士事務所），p175-178（1983）
2）日本複合材料学会出版委員会編；「複合材料を知る事典」（アグネ），p31〜38（1982）
3）加藤哲也；「やさしい産業用繊維の基礎知識」（日刊工業新聞社），p151〜154（2011）
4）佐久間　勝；日本ゴム協会誌，p238〜243（1971）
5）硝子繊維協会HP；https://www.glass-fiber.net/glasswool_long.html
6）福田　博ら監修；「新版　複合材料・技術便覧」（産業技術サービスセンター），p439（2011）抜粋引用
7）本多健一編集, 表面・界面工学大系下巻応用編, テクノシステム, p717〜723（2005）
8）信越化学シランカップリング剤技術資料；https://www.siliconc.jp/catalog/pdf/SilaneCouplingAgents_J.pdf

9) セントラル硝子；特開平2-157142、
10) セントラル硝子；特開平2-204347、
11) 日本硝子繊維；特開平10-297943
12) セントラル硝子；特開2013-124199
13) セントラル硝子；特開2012-67411
14) セントラル硝子；特開2015-40356
15) 本田技研工業、山下ゴム；特開平4-103634

4.7 炭素繊維

　樹脂の補強繊維として著名な炭素繊維は、レーヨン、ナイロンおよびPET繊維などの有機繊維よりも比重は大きいが、ガラス繊維に比較して小さく、高強度、高弾性率、寸法安定性、耐熱性など、ゴム補強繊維として、優れた性能を有している。しかし、低伸度で機械的摩耗に弱く、毛羽を発生しやすい。また、繊維表面は不活性、ゴムとの接着性も不十分であり、コストも高い。したがって、繰り返し伸長/圧縮歪を受けるゴム複合材料（たとえばタイヤや伝動ベルト）に対しては、解決すべき課題多くゴム補強繊維として、炭素繊維の用途開発が進まない理由の一つになっていると推察する。

　ガラス繊維は炭素繊維より高比重であり力学低性能も低いが、寸法安定性が良好で、前節で紹介したように伝動ベルト（歯付ベルト）の心線に使われているのはよく知られている[1]。ガラス繊維よりも低比重で、力学的性能に優れる炭素繊維の伝動ベルト用心線への適用は、軽量化にも結び付く。伝動ベルトメーカーは性能向上を目指して、研究開発を続けていると推察される。すでに、市販品も見られる[2]。炭素繊維/ゴム複合材料は伝動ベルト用心線以外の用途も開発が行われている。

　ここでは、ゴム補強繊維としての炭素繊維の製造法、表面処理技術および接着技術について述べる。炭素繊維に関する詳細は成書を参考にされたい[3]~[4]。

4.7.1　炭素繊維の製法

　炭素繊維は、①アクリル繊維を焼成して得られる PAN 系と、②精製した石油もしくは石炭ピッチから得られるピッチ系から製造されている。さらに、ピッチ系炭素繊維は等方性および異方性の2種類がある[4]。

　ここでは代表的な炭素繊維製造法として PAN 系を取り上げ、**図4.46** に紹介する。PAN 系炭素繊維はアクリロニトリルを重合して得られたポリアクリロニトリル（PAN）を乾式紡糸後、図に示した工程にしたがって高温で焼成し、表面処理をする。ついでサイジングを実施し、PAN 系炭素繊維を得る[4]。

　炭素繊維の物性（主として力学的性能）をアラミド繊維およびガラス繊維と比較して**表4.33**に示した。炭素繊維の特徴がよくわかる。

4.7.2　炭素繊維の表面処理

　炭素繊維は、PAN 系では焼成温度2200～3000℃と高いため非常にち密な構造となり、縮合系ベンゼン環（黒鉛層）で覆われていると推定されている[6]。この

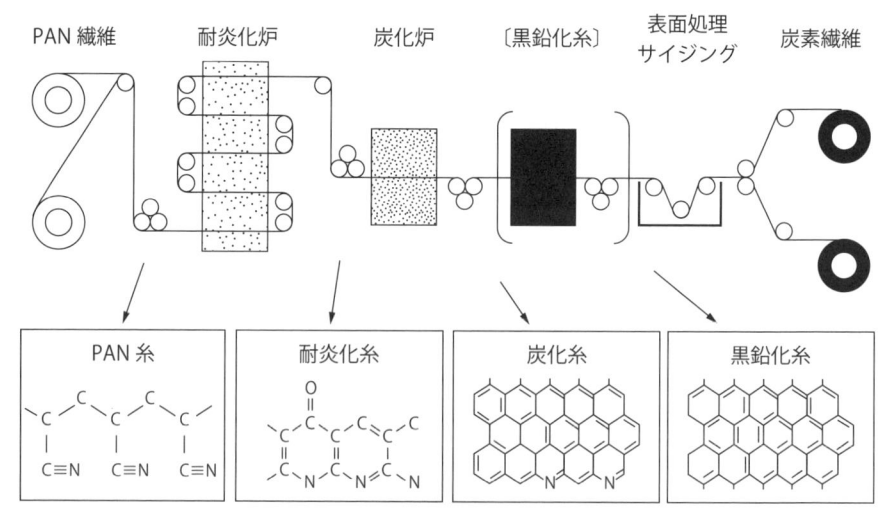

図4.46　PAN系炭素繊維の製造工程[4]

表4.33 炭素繊維の力学的性能[5]

種類	名称		密度（g/cm³）	強度（Mpa）	弾性率（Gpa）	切断伸度（%）
炭素繊維	PAN系	(HT)	1.80	4,120	235	1.7
		(HM)	1.81	2,450	392	0.6
	ピッチ系	(GP)	1.65	740	29	1.3
		(HP)	2.2	3,430	690	0.5
アラミド	Kevlar®29		1.44	2,800	59〜61	3.6〜3.8
	Kevlar®49		1.45	2,800	128	2.4
	テクノーラ®		1.39	3,040	70	4.4
	MPIA		1.38	690	7.8	38
ガラス	Eガラス		2.54	2,160	69	4.0

注）HT：高強度、HM：高弾性率、GP：汎用グレード、HP：高性能グレード
　　MPIA：ポリ-m-フェニレンイソフタラミド

ことは炭素繊維表面が不活性であることを示唆し、樹脂やゴムなどのマトリックスとの接着性を向上させることが、複合材料としての性能を発揮するためには必須の技術開発であった。炭素繊維の表面酸化や表面被覆による表面処理が研究された[6]。その結果、現在では、炭素繊維製造工程で陽極酸化が行われていると推察される[7]。種々の表面処理技術の開発により、ヒドロキシル基（-OH）、カルボキシ基（-COOH）およびケトン基（＝CO）などの活性基が導入され、炭素繊維の表面が活性化されている。

4.7.3　炭素繊維のサイジング処理

マトリックスとの接着性を向上させるために表面処理が実施されるが、炭素繊維は脆く、集束性や機械的摩耗性に乏しく、撚糸や製織などの高次加工工程で毛羽や単糸切れが発生しやすいことが欠点となっている。これらを防止するために種々のサイジング剤の開発が開発されてきた。サイジング剤の種類は、マトリックス種に依存する。サイジング剤としては、炭素繊維およびマトリックスとの化学的な親和性（反応性）、生産か工事の集束性付与、毛羽紡糸および単糸切断防

止、撚織時の繊維損傷防止（平滑性付与）、処理後の単糸間への含浸性、適度の凝集力を有することが望まれている。具体的なサイジング剤としては、エポキシ樹脂、ブロックドイソシアネートやウレタン樹脂などがあげられる。詳細は成書を参照されたい[8]。

炭素繊維は樹脂補強繊維として著名であり、ゴム補強繊維としての実用化例はきわめて少ない。しかし、特許を調査すると、多くの用途に展開が試みられていることがわかる。多くの接着処理技術が特許出願されている。

一般的にゴム補強炭素繊維の接着技術は、PET繊維やアラミド繊維と同様な接着処理が研究されている。しかし、ガラス繊維と同様に機械的な摩耗に弱いという欠点を有しているために、単繊維の摩耗性に影響を与えない接着処理法でなければならない。接着性向上の考え方は、ガラス繊維と同様な考え方に基づく接着処理である。炭素繊維の欠点でもある耐摩耗性を向上させるには、単糸間摩耗を防止する接着処理が期待される。①コード中に接着剤を十分に含浸させること、および②単糸に接着剤を十分に被覆することがポイントである。また、③接着剤の硬化が遅い接着剤が望ましいと考えられ、この考え方に基づいた接着剤の開発が行われている。

もちろん、マトリックスゴムとの接着性は最重要である。しかし、摩耗性を向上させるには、接着剤付着量は必然的に多くなるために、接着処理工程におけるガムアップ対策が必要である。接着剤配合、生産工程の工夫が必要である。また、炭素繊維は脆い性質があるため、高撚数が必要なタイヤの用途には適用が難しいかもしれない。接着剤の処理方法にも工夫が必要である。単糸間の摩耗性向上には、接着剤を多く付着させなければならない。撚糸コードへの接着剤の付着はかなり工夫がいる。そのために、①原糸状もしくは甘撚状で接着処理し撚糸する方法、②原糸に耐摩耗性処理剤を付着させ、撚糸後、接着処理する方法、③撚糸コードへの接着剤の含浸処理法などがあげられる。しかし、炭素繊維は脆い繊維であるために、低撚数の伝動ベルトやゴムホース用繊維としての適用が本命だと推定される。また、炭素繊維は高強度・高弾性率で低比重であるので、この性

能を活かすスチールコード代替用途（たとえば、ラジアルタイヤのベルト材やビードワイヤ）には、可能性が大きいと考える。筆者の調査によれば特許出願は、炭素繊維メーカーやゴム資材メーカーが多い。

以下、具体的に炭素繊維用接着技術を特許から紹介したい。

1）炭素繊維の一般的な接着処理法として、他の補強繊維にも実施されているエポキシ化合物、イソシアネート化合物あるいはポリウレタンを処理後、水系RFL接着剤で処理する二浴処理方法があげられる。第一浴接着剤にゴムラテックスを添加する接着剤も提案されている[9]。これらの方法は、ガムアップの発生など生産管理の課題がある。撚糸コードへの接着処理であり、含浸性も不良で単糸間摩耗性も改良されないと推定される。エポキシ化合物、ゴムラテックスに加えてリグニンスルホン酸からなる第一接着剤で処理し水系RFL接着剤で処理する方法[10]は、リグニンスルホン酸の効果によりガムアップが減少できるという。第二浴接着剤として水系RFL接着剤を処理しないでゴム糊を直接処理する方法も出願されている[11]。

2）接着性、耐疲労性および生産安定性を目的に無撚もしくは甘撚コードを、ゴム糊で直接処理し熱処理後加撚する処理方法も提案されている[12]。炭素繊維のサイジング剤はエポキシ処理が好ましい記載されている。

3）炭素繊維原糸に二重結合を有する特殊ウレタン化合物で処理し、加撚後、ゴム糊処理を実施する[13]。優れた耐熱接着性および疲労性が得られる。走行時の毛羽立ちを抑制できる。この場合にもサイジング剤はエポキシ化合物が好ましい。

4）H-NBR用として、第一溶接着剤にH-NBRラテックスを配合した水系RFL接着剤で処理後、H-NBRラテックスとゴム用配合剤を添加した第二接着剤で処理する[14]。ゴム破壊する良好な接着性が得られるという。ゴム糊処理工程は無い。

5）第一浴剤としてフェノール化合物で処理し、カルボキシ変性水添NBR、ビスマレイミド化合物、ポリイソシアネート、シリカからなる第二浴処理剤で処理し、ゴム糊処理をする接着剤も報告されている[15]。この処理法は水系RFL接着剤を使用しないRFフリーの接着剤である。

以上、出願特許をいくつか紹介した。用途としては、接着処理が必要と考えられる伝動ベルトやゴムホースであるが、実用化されている用途は多くはない。優れた繊維性能を有しているため、接着技術開発は大きな課題である。ただし、紹介した特許はゴム糊処理など有機溶剤を使用する接着剤が多く、環境に優しい接着剤が求められる時代には逆行しているかもしれない。水系の接着技術が開発されることを期待したい。

4.7.5　まとめ

　炭素繊維は優れた力学的性能を有しており、樹脂複合材料はすでに先端複合材料（ACM：Advanced Composite Materials）として確固たる地位を占めているのは周知の通りである。ゴム補強複合材料においても優れた性能を示すことが期待される。特に、伝動ベルトやゴムホースには優れた補強繊維と考える。マトリックスゴムとしてH-NBRを適用いた歯付きベルト用心線としての適用例が見られる。

　本節では、炭素繊維の製法、物性、表面処理や接着技術の進展状況を概観した。炭素繊維は優れた性能を有しているにも関わらず脆く、耐摩耗性に課題を有しているために、これらの弱点をカバーする接着技術の開発が必要である。紹介した接着技術は、溶剤を使用する場合も多い。接着処理工程でのガムアップなど、まだまだ課題が多い。炭素繊維がゴム補強繊維としての地位を確立するためには、さらなる技術開発が必要と考える。

【引用文献】

1) セントラルガラスファイバーホームページ：http://www.centralfiberglass.com/jp/glass_fiber/products/06.html
2) 三ツ星ベルトホームページ：https://www.mitsuboshi.co.jp/japan/catalog/download/pdf/gigatorque_v821c.pdf
3) 井塚淑夫：「炭素繊維　複合化時代への挑戦」（繊維社企画出版）（2012）
4) 前田　豊：「炭素繊維の応用と市場」（シーエムシー出版），p7〜11（2000）
5) 日本複合材料学会編：「エラストマー系複合材料を知る事典」（アグネ承風社），P290〜291（1988）抜粋引用
6) 材料技術研究協会編集委員会編：「複合材料と界面」、テック出版、p252〜258

（1988年）

7) Morgan, Peter; "Carbon Fibers and Their Composite" (Marcel Dekker), p352〜355, 404 (2005),

8) Morgan, Peter; "Carbon Fibers and Their Composite" (Marcel Dekker), p365〜366 (2005),

9) 東レ；特公昭53-30757、特公昭60-181369、特開2002-71057

10) 東レ；特開2002-226812

11) 東レ；特開2004-10013

12) 東レ；特開2003-193374

13) 東レ；特開2007-154382

14) 帝人；特開2018-119227

15) 日本板硝子；WO2014-119180

4.8　スチール繊維

　スチール繊維は金属繊維の一種であり、錆びやすくて比重が大きく、決して軽量な繊維とは言えない。しかし、高剛性、高耐熱性、高寸法安定性に優れ、ゴム補強繊維として重要な位置づけにある。また、ゴムとの接着性は真鍮（ブラス）メッキ処理によって達成されており、ゴム補強繊維としてはきわめて有利である。コストも安い。

　スチール繊維の用途の中で量的にもっとも多いのは、ラジアルタイヤの補強繊維として使用する、乗用車用タイヤのベルト材、トラック・バスタイヤのカーカス材、ベルト材[1),2)]である。また、伝動ベルトである歯付ベルトの心線や搬送ベルト、高圧ゴムホース用補強材料[2)]として使われている。これらの用途には撚線コードが使われている。タイヤ用スチール繊維の需要量（2023年）は21万トン[3)]強である。

　スチール繊維は、1958年に登場した画期的な補強繊維である。一般的にゴム補強繊維として使われている有機繊維は、縦（引張）方向に強度や弾性率を有す

るが、スチール繊維は、曲げ、せん断、圧縮のいずれの方向にも優れた強度および剛性を持つ。比重が大きく、重く、錆びやすいことを除けば理想的なゴム補強繊維と言える。

4.8.1　スチール繊維の製造法

スチール繊維は金属繊維に採用されている引抜法によって製造されている。引抜法はスチールの塑性的な性質を利用した成形法である。すなわち、ワイヤロッド（直径5.5mm）をやや細い穴径のダイスを通して冷間引抜工程を数段階（通常3段階）経て細径化し、目的の線径（0.1〜0.4mm）を有するスチール繊維を得る。その間、強度と靭性を得るために熱処理（パテンティング処理）される。詳細は、文献を参照されたい[4),5)]。タイヤ用スチールコードは、工業化レベルで強度が約2.8GPa（1970年代）、3.6GPa（1980年代）、4.0GPa（2000年代以降）と順次改良されていき、現在では、線径0.2mmで4.5GPaまで高強度化されようとしている。すでに、4.0GPa級は高級車用タイヤに採用されている[6)]。

細径高強度化は大きな目標である。タイヤコードは撚線コードとして使う。撚り構造については成書を見ていただきたい[1)]。

4.8.2　スチール繊維の接着法

引抜法による成形工程において、ゴムとの接着性を付与する真鍮（ブラス）メッキが実施される。メッキ加工は、ゴムとの接着性を付与するだけでなく、防錆および伸線加工時の潤滑の役割を果たす。メッキの組成は銅（Cu）60〜70%、亜鉛（Zn）30〜40%である[1)]が、この比率は各社のノウハウになっているようである。真鍮メッキしたスチールとゴムの接着機構は、真鍮（ブラス）メッキ中のCu（銅）とゴム中のS（硫黄）とが結合して硫化銅（-Cu-S-）を形成し、ゴムと接着する。加硫剤のS（硫黄）は、未架橋ゴムの架橋剤としての働きをすると同時に、スチール/ゴムとの接着に関与する。

特に、Cu/Znの比率が重要である。Cu比率を上げるとゴム中の加硫剤Sとの反応も増えるが、高すぎると反応性が高まりすぎ、過度に接着層を形成するため取扱い上好ましくない。Znの役割は、コード表面にZnOを形成し、接着反応性

をコントロールする。Znは酸化しやすく、ゴム、空気中の水と反応し、酸化物、水酸化物を過度に生成し、接着劣化を引き起こす。ゴム配合において、接着性向上のために、Sを接着に必要な分だけ、コーティングゴム中に増量し、接着反応助剤と考えられている有機コバルト塩などを添加している[1]。

4.8.3 まとめ

　有機繊維の記述が多くなり、スチール繊維の記述が少なくなった。スチール繊維は自動車タイヤ、伝動・搬送ベルトおよびゴムホースの補強繊維として多く使われている。特に、自動車用ラジアルタイヤのベルト材のメイン素材としてきわめて重要である。高剛性、耐熱性および寸法安定性などの力学的性質や、真鍮メッキによる接着性がきわめて優れているからである。

　一方、比重が大きく、重く錆びやすい課題がある。このため、燃費改善などを目的として、タイヤの軽量化に対してスチール繊維代替素材の研究も実施されているようである。しかし、必ずしも十分な開発が進んでいるわけではなく、今後もスチール繊維が使い続けられるだろうと推察する。もちろん、スチール繊維の細線化、高強度化の研究はさらに進んでいくと予想される。今後の動向に注目したい。

【引用文献】
1)　ブリヂストン編；「自動車タイヤの基礎と実際」（東京電機大学出版局），p295〜304（2008）
2)　東京製綱HP；https://www.tokyorope.co.jp/product/catalog/pdf/general_catalog_13.pdf
3)　JATMA統計データ；https://www.jatma.or.jp/stat/index.php
4)　服部六郎；『タイヤの話』（大成社），P-111（1986）
5)　桐原和彦；神戸製鋼技法，**61**(1)，p-89-92（2011）
6)　樽井敏三；2006. 5 NIPPON STEEL MONTHLY 12（https://www.nipponsteel.com/company/publications/monthly-nsc/pdf/2006_5_158_09_12.pdf）

4.9 その他のゴム補強繊維

　これまで各種ゴム補強繊維について述べてきたが、その他のゴム補強繊維として、「ポリパラフェニレンベンゾビスオキサゾール」（PBO）繊維がある。この繊維は、パラ型アラミド繊維と同様に高性能繊維の一種であり、東洋紡が企業化し、「ザイロン®」として市販している。パラ型アラミド繊維を凌駕する優れた繊維性能を有する樹脂、ゴム補強繊維として期待されている。

　PBO繊維の接着加工技術の多くは特許に散見されるが、パラ型アラミド繊維と同じように、エポキシ系表面処理／水系RFLの2浴処理によって可能であると考える。ゴム補強用途は技術開発途上にあると推察する。繊維性能や接着技術の詳細は下記文献や特許を参照されたい[1],[2],[3]。

　また、一時期、ポリケトン繊維を旭化成が開発研究を実施していた。ポリケトン繊維はエチレンと一酸化炭素を原料とする高分子化合物、脂肪族ポリケトンを繊維化した高性能繊維である。基本技術は米シェルケミカル社が開発した。繊維性能、接着性など、ゴム補強繊維としても有望であると考えられていたが、実用化されなかった。繊維性能は高性能繊維に匹敵し、水系RFL接着剤の一浴処理で十分な接着が得られるとの情報であった。製糸、応用に関する多くの特許がブリヂストンから出願されている[4],[5]。製糸法などの詳細はNEDOの報告書に記載されている[6]。ゴム補強繊維として有望であったが、残念ながら、実用化はされていない。

【引用文献】

1) 村瀬浩貴；繊維学会誌, **66**(6), p176〜180（2010）
2) 横浜ゴム；特開平11-12370
3) ゲーツ・ユニッタ・アジア；特開2002-317855
4) ブリヂストン；特開2007-223470
5) ブリヂストン；特開2011-255881

6) 平成18年度成果報告書　基盤技術研究促進事業（民間基盤技術研究支援制度）「高
性能ポリケトン繊維の工業化基盤技術の開発」

4.10 まとめ

　本章では、各種ゴム補強繊維の製法、性能および用途を含めて、接着技術の詳
細を述べた。接着以外の項目を取り上げたのは、ゴム補強繊維の詳細は接着技術
と密接に関係しているからである。

　ゴム補強繊維の接着技術には機械接着、ゴム用添加剤添加法があるが、接着
剤処理方法が中心である。これらの接着技術は補強繊維の発展に伴って発展して
きた。

　その中でも、当初レーヨン補強繊維用として開発された水系RFL接着技術は
化学的に活性な繊維表面を持つために優れた接着性能を有し、現在も汎用的な接
着剤として使い続けられている。この接着剤の開発の経緯、組成、調液法および
レーヨン繊維に対する反応機構を詳細に解説した。水系RFL接着剤はレーヨン
繊維と同様に、繊維表面が活性なナイロン繊維やビニロン繊維にはきわめて有効
な接着剤である。しかし、その後開発された繊維表面が不活性なPET繊維やア
ラミド繊維に対しては、繊維に対する親和性に乏しく、接着性が不十分である。
そのため、ゴム親和性が優れている水系RFL接着剤を親ゴム性の接着剤として
適用することを前程に、繊維表面の改質や表面処理技術についてPET繊維を中
心に開発経緯を述べた。その結果、優れた性能を示す脂肪族エポキシ化合物およ
びポリイソシアネート化合物の、単独および併用表面処理技術やクロルフェノー
ルとレゾルシン縮合体などが見いだされた。これらは現在の実用化技術となっ
た。アラミド繊維に対しては、PET繊維の表面処理技術の応用が可能である。

　ガラス繊維、炭素繊維およびスチール繊維はそれぞれシランカップリング剤、
陽極酸化やメッキ技術が特徴的な表面処理技術として実用化されていることも紹

介した。

　各補強繊維の接着技術課題として、水系RFL接着剤中のホルマリン（F）や、レゾルシン（R）の毒性が懸念されているRF代替接着技術（RFフリー接着剤）、PET繊維の用途拡大に寄与する耐熱接着技術開発の期待が大きい。化学的表面処理技術を代替する大気圧プラズマ処理を活用する技術開発も期待されている。これらについては、後の章で触れることにする。

第 **5** 章

ゴム補強繊維の
接着加工生産技術

実験室で開発したゴム補強繊維用接着技術は、最終的には、工業的規模の生産に移行する。顧客から提示された仕様（品質規格）を満足する製品を生産するためには、実験室から工業的規模にスケールアップされ、実機（接着処理機）への技術移転が行われる。実験室では一般にテスト機によって1本のコードで技術確立が行われるが、工業的規模によるスケールアップでは、スダレ織物、織布および撚糸コードの接着加工処理を実機で行う。

　実機は実験室のテスト機と異なる点が多い。実機の性能を再現させるために、実機テストを繰り返し、得られたサンプルを顧客に提出し、顧客の評価を受ける。評価結果によっては、さらに繰り返しテストを実施する。顧客が提示する仕様や実用化テストを満足すれば、最終的に顧客から認定を受けることができる。顧客の認定（Apporoval）取得後、本格的な生産を始める。もちろん、本格的な生産に入る前に長時間の操業テストも必要である。

　以下、本章では、実験室レベルから工業的規模へのスケールアップのポイント、生産管理を含めた接着加工生産技術などについて述べる。なお、生産管理については、多くの成書[1]~[3]がある。これらの成書を参考にされるとよい。

5.1　実験室レベルから工業的規模へのスケールアップ

　実験室レベルから工業的規模へスケールアップは、「技術がより一般的な段階から実用化されていくプロセス」、すなわち、「研究段階、開発段階（R&D）から実用化、生産段階へと移転されていくこと」であり、「垂直的技術移転」、「フェーズ間移転」と言われるものである[4]。ここでは取り上げないが、技術移転にはフェーズ間移転の他にも多くのタイプがある[5]。

　実験室のテスト機から実機への技術移転のもっとも大事なポイントは、①実験室レベルの品質（性能）の再現性と、②安定な生産の継続性（工程の安定性）である。実験室レベルで得られた性能を実機で再現し、顧客の仕様を満足する性能

をばらつき範囲内で継続的に、安定かつ安全に生産できれば、操業の技術移転は達成されたといえる。単なるゴム補強繊維の性能を満足させるだけでなく、連続生産においては、継続的に安定した性能が得られ、外観（品位）が幅および長さ方向がともに良好であることも要求される。

ゴム補強繊維の接着加工生産技術においても**表5.1**に示す生産管理[6]が必要なゆえんである。特に、工程管理、品質管理、作業管理および設備管理は重要な管理項目である。接着剤をゴム補強繊維に付着させるため、実機や周辺が汚れやすく、設備の保守は特に大事である。

接着加工生産技術の確立において、研究段階ともっとも異なる点は、ゴム補強繊維の形態と生産設備（すなわち、テスト機と実機）の違いである。

一般にフェーズ間の技術移転は、新たに設備投資を実施し、実機を導入・設置する場合と既存の設備を使用して、生産技術を確立する場合がある。

前者の場合には、実機仕様決定、設備導入・設置から試運転、作業員の訓練（育成）、作業標準の整備のほか、多くの時間と費用がかかる。海外からの実機導入はさらに時間と費用がかかり、かなり大変である。後者の既存の設備を使用する場合には、設備導入費用、設備管理はかなり軽減されるかもしれないが、新規な接着技術生産のための作業標準の整備、試験生産ほか、実験室レベルの再現のための時間が必要である。このように、既存設備をそのまま使用する場合でも多くの時間がかかる。顧客が満足する品質を得るために、接着加工生産管理技術を

表5.1　生産管理の内容[6]

管理技法		目的
第一次管理	工程管理	納期の確実化・生産の迅速化
	品質管理	品質の向上・品質の均一化（評価）
	原価管理	原価の引き下げ・原価の維持
第二次管理	作業管理	作業方法の標準化・標準時間の設定
	設備管理	機械設備の充足管理・設備の稼働率向上
	資材管理	資材の準備と補給・資材の合理的使用
	運搬管理	運搬経路の改善・運搬方法の選定

しっかりと行わなければならない。作業員の教育・訓練も大事である。

　国内で実験室レベルの技術を確立し、海外へ技術移転する場合は、国内の実機へ技術移転する場合と異なり、言語、習慣および文化の違いもある。海外移転のための技術人材を育成する必要もある。海外技術移転についても参考になる成書がある[7), 8)]。

5.2　ゴム補強繊維の接着加工工程

　ゴム補強繊維の接着加工は、原糸を加工し、撚糸コード、織布もしくはスダレ織物の形態で処理される。接着処理前のゴム補強繊維自体の性能もきわめて重要である。接着加工工程に影響を与えるため、品質管理に留意を払わなければならない。撚糸コード、スダレ織物および織布など、各種形態の補強繊維の接着加工工程を**図5.1**に示す。

5.2.1　接着剤の調液（調整）

　図5.1に示すように、接着加工はあらかじめ調液（調整）した接着剤を繊維に付着させ、乾燥、硬化（もしくは固化）させるきわめて単純な工程である。

　工業的規模では接着剤の調液は実験室レベルと異なり、容量の大きいタンク（0.5～2トン）が用いられる。接着剤の配合時には、計量を間違わないように細心の注意が大事である。接着剤関連作業標準の整備は必須である。

　また、調液タンクは接着剤を常温（20℃前後）で保持するために、タンクの周りを冷水が循環する構造となっている。接着剤を均一化するために、タンクに撹拌機が装着されており、ゆっくりと撹拌するのが一般的である。図5.1に記載しているように、温度、粘度、PH、外観（色）、異物・沈殿の有無などを定期的に接着剤の状況を記録しておくことも大事である。これらの数値は接着剤の安定性を判断するのに役立つ。また、接着剤の組成にもよるが、ポットライフ（可使時

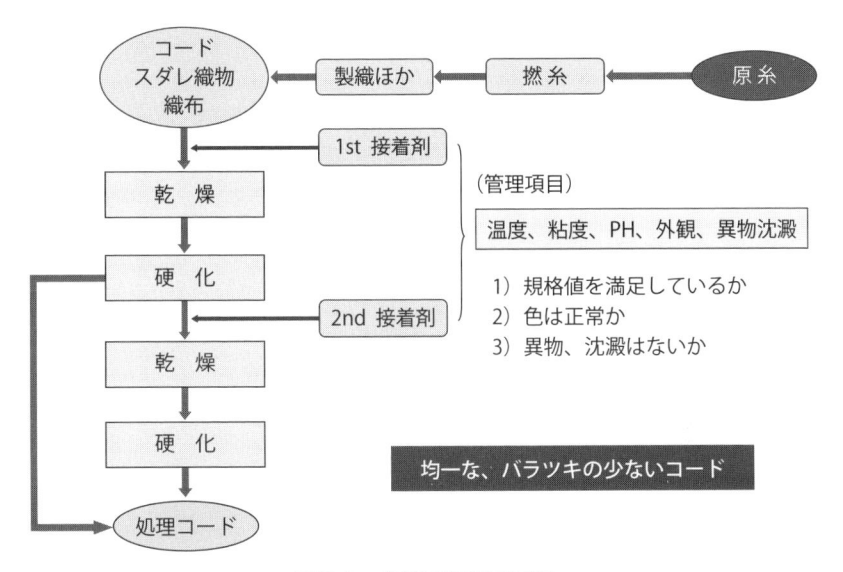

図5.1　接着処理加工工程

間）には十分注意しなければならない。通常、1週間程度がポットライフである。接着剤もコストに関係するため無駄にせず、廃液をできるだけ少なくする効率的な使用が望まれる。

　活性表面を有するレーヨン繊維やナイロン繊維の場合には、水系RFL接着剤の一浴処理が行われる。繊維表面が不活性なPET繊維やアラミド繊維の場合には、二浴処理が実施される。第一浴接着剤は親繊維の表面処理剤が使われ、第二浴接着剤は水系RFL接着剤が使われる場合が多い。それぞれの接着剤組成は、加工メーカーのノウハウになっている。

5.2.2　接着加工工程

　接着処理工程では、各種形態（撚糸コード、スダレ織物および織布など）のゴム補強繊維に接着剤を付着させ、所定の温度や時間（炉内通過）の条件を設定する。実機の乾燥炉を通して水分、溶剤を飛散除去させ、さらに高温で一定時間、硬化炉を通過させる。これによって接着剤を固化・硬化させ、ゴムとの接着力を発現させる。また、力学的および熱的性能を顧客指定の仕様に合わせるために、

ゴム補強繊維に与える張力を調整する。滞留時間は炉数と加工速度による。張力調整は炉の間に設置された張力調整ローラー（テンションスタンド）により実施される。補強繊維は、伸長、緩和（ストレッチ・リラックス）を受ける。接着剤が硬化工程を経ることによって、ゴム補強繊維は固くなる傾向にあり、その場合は機械的に柔軟化処理をすることもある。

テスト機と実機（接着処理生産機：ディップマシン）は生産速度、加熱方式や張力調整など異なる点も多いが、本質的には大きな違いはない。しかし、この単純な工程によって接着性能だけでなく力学的、熱的性能を含めたゴム補強繊維としての性能を満足させなければならない。これが接着加工工程を複雑にしており、厳しい生産管理が求められる理由である。生産管理のポイントはすでに述べたが、さらに具体的には以下のとおりである。

1）長時間、継続的に生産できること

生産を継続中、接着剤が安定であり、ローラー上に接着剤スカムが発生せず、長時間にわたり、幅方向、長さ方法のコード物性、外観（色、スカム付着など）が良好に保たれていることである。このような状況で生産が継続できれば、生産性は向上するし、実機の掃除回数も少なくて済む。結果的に、ランニングコストの減少につながる。ローラースカムは、実験室のテスト機ではなかなか観察されず、実機の長時間生産で発現することが多いため特に注意が肝要である。

2）長さおよび幅方向のコード物性が安定していること

ゴム補強繊維に求められる性能は、マトリックスゴムとの接着性のほか、接着以外の性能として、①強度、②剛性（弾性率：荷重伸度、略して荷伸という）、③耐疲労性、④乾熱収縮率（乾収）、⑤耐熱性などがある。PET繊維補強伝動ベルトでは、これらに加えて心線のPET繊維が適切な収縮応力を有することが要求されている。これらの要求性能はゴム補強繊維が本来有している性能に依存しているが、撚糸条件や接着処理時の熱処理条件など加工時の影響が大きい。特に、接着処理工程は単に接着性を発現させるだけでなく、ゴム補強繊維として強度、剛性、乾熱収縮率などの性能を最適化する。乾燥および硬化炉内の温度、滞留時間を最適化し、ローラー間で張力を調整する、きわめて重要な工程となっている。これらの物性は顧客から提示された仕様（品質規格）を満足させるために

生産者側で生産条件を設定する。これらの性能が、幅方向および長さ方向に仕様を満足し安定していることも、生産管理の重要なポイントになっている。コード性能のばらつきが大きいと最終性能にも影響を与える。

　接着処理ゴム補強繊維の生産は、タイヤ、伝動および搬送ベルトやゴムホースなどのゴム複合材料メーカーが原糸を繊維製造企業から購入し、自社で撚糸、スダレ織物もしくは織布を製造し、引き続き接着処理まで実施（内製化）する場合と繊維製造企業や繊維加工企業が接着処理を実施し、タイヤ、伝動ベルトやゴムホースメーカーなどの顧客に、接着処理撚糸コードもしくは接着処理スダレ織物や織布を販売（納入）する場合がある。前者の場合には、最終製品はメーカーの責任で接着加工処理まで実施される。後者の場合には、接着処理後のゴム複合材料用補強繊維の仕様（品質規格）は、タイヤ、伝動および搬送ベルトやゴムホースメーカー、すなわち顧客によって決定されている。接着処理補強繊維の仕様（品質規格）を満足させるためには、接着剤付着量、接着処理時の温度や張力（伸長：ストレッチ、弛緩：リラックス）など接着処理条件を最適化して、安定な性能を有する製品を継続的に製造することが必要である。

5.3 接着処理機

　本節では、接着処理機について説明する。

　ゴム用接着処理機（実機）には、①スダレ織物もしくは②織布用接着処理機および多錐掛け撚糸コード用接着処理機の2種類がある。通常、実機の接着処理に移行する前に、撚糸コード用接着処理機（実験室用テスト機）により基礎検討を行い、接着剤の選定、付着量、強力および剛性（荷伸）など力学的性能や乾熱収縮率（乾収）など、要求性能に合致する最適接着処理条件（接着剤付着量、温度、時間およびコードへの張力など）を決定する。実験室用テスト機も実機の加工工程は基本的には変わらない。**表5.2**にテスト機と実機の加工工程の違いを比

表5.2 テスト機と実機の違い

	テスト機	実 機
接着剤付着調整法	1) 接着剤濃度 2) 吹き飛ばし （エアブロワー）	1) 接着剤濃度 2) スクイズローラー 3) 吸引法
加熱方法	1) ヒーター（電気）	1) LPG（液化石油ガス）の燃焼実機に関するガス循環方式
張力調整法	1) ローラー回転数	1) テンション（張力）ローラー

較して表示した。**図5.2、図5.3**および**図5.4**にスダレ織物および織布用接着処理機（一浴処理および二浴処理）、多錐掛け撚糸コード用接着処理機を示した[9), 10)]。実機は、加工メーカーでカスタマイズされることもある。

　実機の場合には濃度を調整した接着剤を接着剤槽に入れ、各種形態のゴム補強繊維（スダレ織物、織布および多錐掛けコード）を浸漬させる。浸漬中に接着剤を付着させ、絞り圧ローラーを通過させて接着剤を絞りだし、さらに余分な接着剤を吸引して、付着率をコントロールする。次いで所定の温度に調整した乾燥炉で乾燥し、水分、溶剤を除去後、硬化炉を通過させる。処理時間は速度で調整する（炉長は設備で決まっている）。あらかじめ接着剤付着量と接着性の関係を把握し、接着剤濃度、絞り圧、吸引条件から最適付着量を決定しておくことも大事である。

　実験室のコード接着処理テスト機の熱源は電気ヒーターによる熱風加熱が多い。実機では、LPG（液化石油ガス）の燃焼ガスを炉内に循環させて加熱する。LPGはプロパンを主成分としており、燃焼後は炭酸ガスと水が発生する。乾燥炉および硬化炉を接着処理後のコードが通過する。ガスが接着性に与える影響はほとんどないと推定するが、燃焼ガス分析をしておいたほうが安心である。コードにかかる実質温度および処理時間は、力学的および熱的性能をコントロールすることになるので、特に重要である。実機の指示温度と炉内の実質温度にはしばしば差が見られる。炉内の温度分布をチェックしておくことも大事である。処理

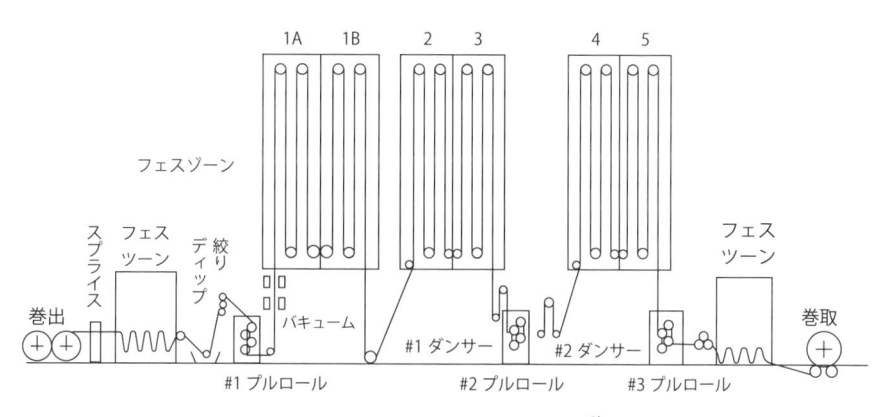

図5.2　一浴接着処理機の概要[9]

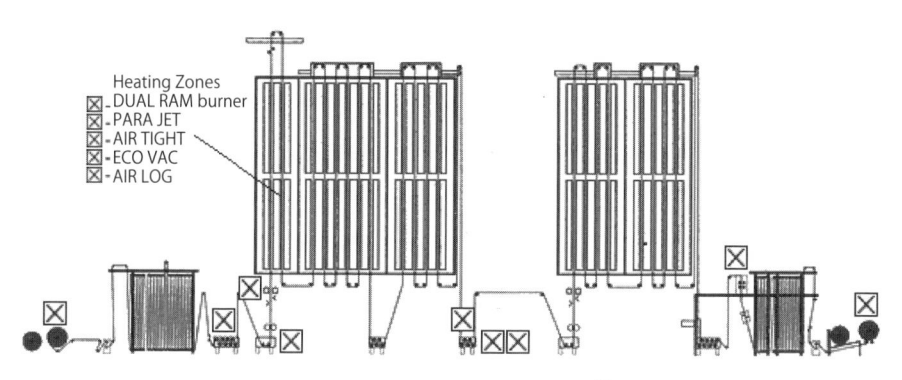

図5.3　二浴接着処理機の概要[10]

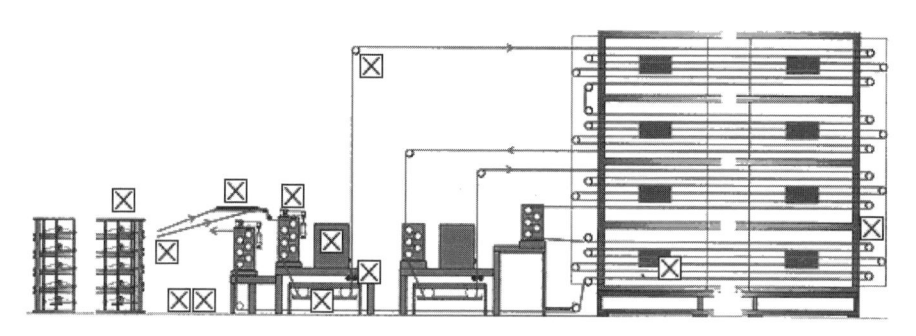

図5.4　撚糸コード処理機の概要[10]

時間は，炉の長さと処理時間で決定される。実験室で得られた最適処理条件を実機に適用する。

　また、接着加工工程は①接着性を発現させること、②ゴム補強繊維の物性をコントロールすることが大切である。これらの性能は乾燥および硬化炉内温度、処理速度および炉間に設置された張力制御用のローラー（テンションスタンド）で決まる。実機に関しては、メーカーの情報が参考になる[11]。

　図5.2、図5.3に示したタイヤコードスダレ織物や織布用の実機接着処理機は、国内外で販売されている。実機は市販の処理機メーカーが基本仕様を設計しているが、接着処理加工メーカーの意向が反映（カスタマイズ）されることもあり得る。

　それぞれの処理についてまとめる。一浴処理の場合は、図5.2に示すように、スダレ状に製織されたタイヤコードスダレ織物は供給装置から送り出され、接着剤槽で浸漬処理される。接着剤付着量は、絞り圧ローラーによる絞りおよびバキューム装置による吸引によって制御される。その後、あらかじめ設定された温度の乾燥炉および硬化炉を経る。接着性の発現とコード物性をコントロールするために、乾燥炉と硬化炉内の温度およびテンション（張力）が設定される。テンションは、たとえば前硬化炉で伸長（ストレッチ）され、後硬化炉で弛緩（リラックス）される。その後、巻き取られる。タイヤコードスダレは1000m/反以上の長さがある。連続処理するためにスダレ同士を接続する。接着処理生産機には、コンペンセータ装置（フェスツーン）が、スダレ供給装置および巻取り装置のそれぞれ前に設置され、接着処理スダレおよび接着処理前生スダレの交換を容易にしている。生スダレ同士の接続はミシン（スプライサー装置）を用いる。

　図5.3の二浴処理機の場合には、一浴処理に加えて、二浴接着剤処理用の接着剤槽、乾燥炉および硬化炉が設置される。それぞれの炉にテンション〈張力〉スタンドが設置され、最適な温度およびテンション（張力）によって物性がコントロールされる。物性制御のための張力配分は、品質規格に基づいて、それぞれの接着処理メーカーが設定する。炉の数、炉長なども一浴接着処理機および二浴接着処理機によって異なるが、接着処理機メーカーの設計によって決められる。

　一浴接着処理機は炉数3、二浴接着処理機は倍の6が最もオーソドックスである。炉の数も接着処理加工メーカーの考え方が反映される。

　一浴処理機および二浴処理機の各炉のテンション（張力）ローラーによって最小および最大テンション（張力）が決められている。テンション（張力）のコントロールは、その範囲内で行われる。これらの設定も接着処理機の設計による。

　接着処理速度は生産性に関係するが、最大120m/分の接着処理が実施されていると推定される[12]。接着剤の硬化には、180～250℃の実質温度で、1～2分間の時間が必要である。したがって、高速接着処理を実施するには、接着処理機の乾燥炉および硬化炉の大型化が必要であり、設備投資も大きくなると推定される。接着処理機メーカーとしては、Benninger AG（独）[10]C.A.Litzler（米）[11]が著名である。

　タイヤコード用接着処理機は水系接着剤を用いて処理されるのが一般的である。伝動ベルトやゴムホース用補強繊維の接着処理は、水系もしくは溶剤系接着剤を用いて実施される。溶剤系接着剤が使われる場合には、防爆型の接着処理機が必要である。溶剤系接着処理の場合には、防爆や回収装置が必要であるため設置のコストもかかる。溶剤系接着剤処理から水系接着剤処理への転換が期待されている。

　撚糸コード接着処理機の仕様は、スダレ織物や織布と比較して、やや小型になるが、大きな差はない。接着処理されるコードの本数は、いろいろあるが、コード100本程度を処理できる多錘掛けで処理される。実機の概要を図5.4に示す。

　水系接着剤で処理する場合には、爆発の危険性は無いが、溶剤処理の場合には、防爆型装置が必須であり、有機溶剤の臭気防止なども必要である。水系RFL接着剤は、ホルマリンの臭気があるため、健康対策が必要である。

5.4　接着加工条件

　接着加工条件は、加工メーカーが顧客から提示された仕様（品質規格）に基づいて設定している。ゴム補強用繊維の表面性質により、一浴処理か二浴処理のい

ずれの処理をするか決定している。また、採用している接着剤にもよる。一浴処理の場合には、水系RFL接着剤を採用し、二浴処理の場合には親繊維性の表面処理剤（第一浴接着剤）を使用し、第二浴接着剤は水系RFL接着剤を採用している。それぞれの接着剤は、加工処理メーカーのノウハウになっていると推定される。レーヨン繊維、ナイロン繊維は一浴処理が実施され、不活性表面を有するPET繊維やアラミド繊維は二浴処理が採用されていると推定される。ただし、接着剤の種類にも関係する。

　接着加工の生産管理のポイントは、乾燥時にブリスター（接着剤の部分的フクレ）を起こさないこと、斑付きをさせないことである。接着処理条件や接着処理機の管理のほか、繊維加工メーカーはこれらのポイントに留意して生産しているのであろう。接着剤付着量も接着加工メーカーが決定している。

　乾燥および硬化条件の詳細は、加工メーカーが決めているが、次のような条件設定をされているものと推定する。水系RFL接着剤の一浴処理の場合、乾燥温度は、80〜150℃に設定し、1〜2分間、硬化時間は、180〜250℃、1〜2分間と推定する。文献[12]によれば、最適硬化温度、時間は、レーヨン繊維の場合、155〜165℃、2〜3分間、ナイロン6繊維は、205〜210℃、0.5〜1分間、ナイロン66繊維は、220〜230℃、0.5〜1分間の記載がある。張力は、補強繊維種の原糸の性能と仕様を考慮して決められる。

5.5 まとめ

　筆者は、実験室レベルから実機への生産まで、国内外の接着加工生産技術の立ち上げを経験してきた。本章の記載は主に筆者の経験に基づいて述べている。生産技術は、実機を使用して、常に、安定した製品を継続的に生産できるものでなければならない。そのためには、補強繊維の性能をよく理解し、工程管理、品質管理、作業管理、設備管理および人材教育を含めた生産管理がきわめて大事であ

る。これらはすでに述べたとおりである。不十分な工程管理は品質の低下につながることがしばしばある。

　各社が開発した接着剤はそれぞれ特性がある。その特性をしっかり把握した接着処理が必要である。たとえば、接着剤はゴムラテックスが配合されている場合が多く、ガムアップによるスダレ、コードの汚れが発生することがある。製品の品位を落とすことにもなる。長時間処理する場合のローラー汚れの防止には十分留意しなければならない。接着剤自身の改良やローラー表面をガムアップし難い、付着してもはく離しやすい表面に加工することも必要であろう。また、配合成分によっては、コードが硬く仕上がることもある。このような場合には、柔軟化機にも工夫が大事となる。接着処理生産加工技術は、加工メーカーの日常の細かな点検はもちろんのこと、細かな工夫によるところが大きいように思われる。

【引用文献】

1) 甲斐章人；「生産管理の理論と技法」（泉文堂）（1998）
2) 菅又忠美，田中一成編著；「生産管理がわかる事典」（日本実業出版社）（1986）
3) 富野貴弘；「生産管理の基本」（日本実業出版社）（2017）
4) 安藤哲生，川島光弘，韓　金江；「中国の技術発展と技術移転」（ミネルヴァ書房），p35（2005）
5) 安藤哲生，川島光弘，韓　金江；「中国の技術発展と技術移転」（ミネルヴァ書房），p3〜52（2005）
6) 甲斐章人；「生産管理の理論と技法」（泉文堂），p12（1998）
7) 岡本義行編；「日本企業の技術移転」（日本経済新聞社）（1998）
8) 山根八洲男監修；「ものづくり技術・技能の伝承と海外展開」（日刊工業新聞社）（2008）
9) 日本繊維機械学会繊維工学刊行委員会編；「繊維工学（Ⅳ）」（（社）日本繊維機械学会），p27（1981）
10) benningergroup HP；https://benningergroup.com/en/tire-cord/tire-cord-solutions
11) https://www.calitzler.com/tire-cord-dipping-machines/
12) A.Lechtenboehmer, H.G.Moneypemmy, F.Mersch；British Polym.J., 22（1990），p265〜301

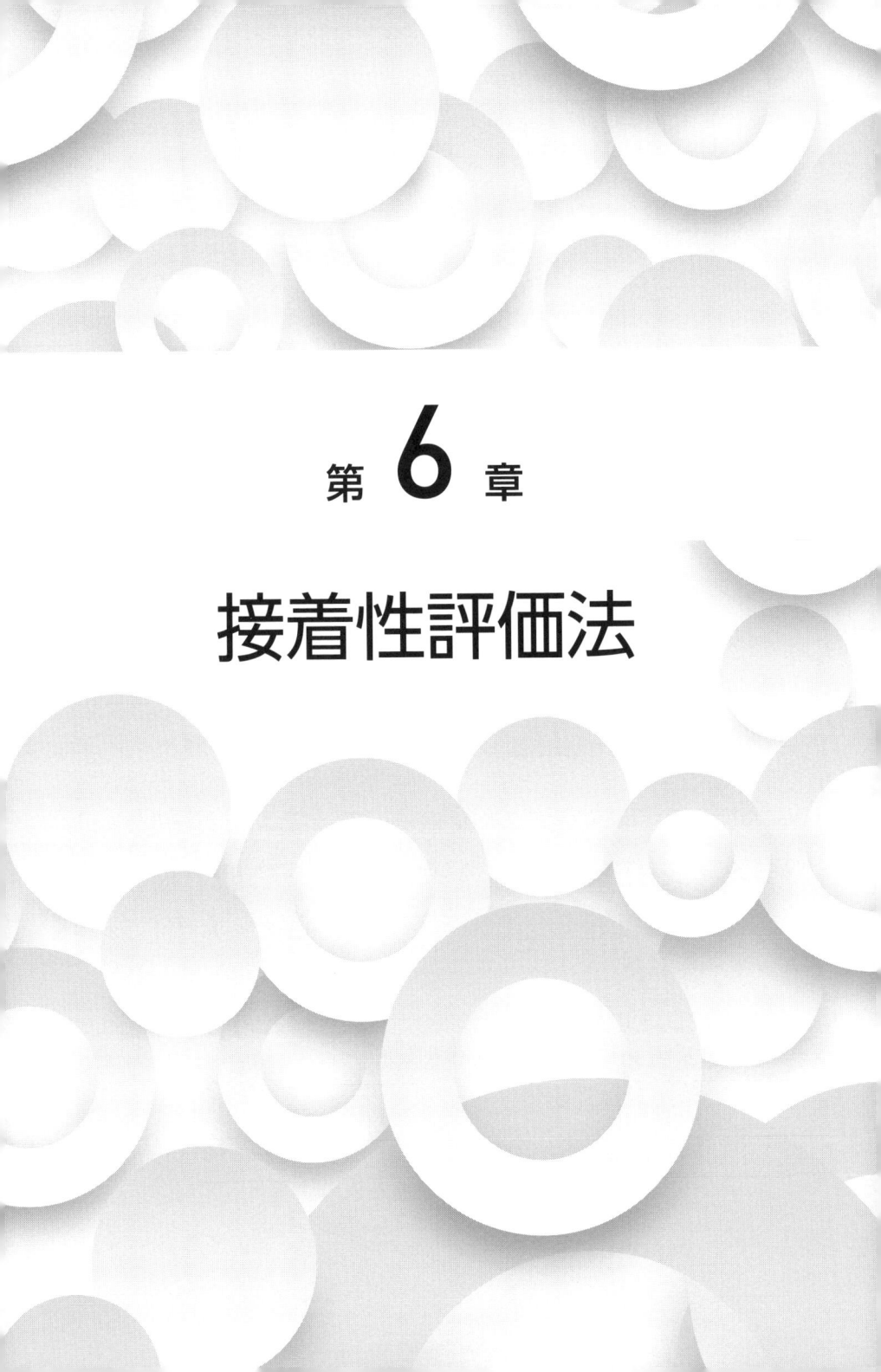

第 **6** 章

接着性評価法

タイヤ、伝動ベルトおよびゴムホースなど繊維／ゴム複合材料の性能に大きな影響を与えるのは、補強繊維とゴムとの接着性である。補強繊維に求められる特性は、強度、弾性率、耐熱性、寸法安定性や耐疲労性があげられるが、接着性は耐疲労性にも関連しているので、特に重要な特性である。補強繊維の力学的な性能、耐熱性、耐疲労性の評価に加えて、接着性の評価には十分に留意が必要である。しかし、実用途の接着性を直接測定することは非常に難しく、これまでに多くのモデル接着性評価法が開発されている。モデル接着性評価法は繊維とゴムの破壊力を測定するものであるが、破壊条件によってその力も変化するゆえに、真の接着性を知ることはほとんど不可能である。一般にこの破壊力を接着力と称しているが、評価後の破壊面の状況を観察（破壊後の補強繊維へのゴム付き）することもきわめて大事である。

　繊維とゴムのモデル接着性評価法は、繊維メーカーやタイヤ、伝動ベルトやゴムホースメーカーにおいて、それぞれ独自に開発されている。基本は、剥離接着力と引抜接着力の測定や破壊後の繊維へゴム付きを観察することである。

　標準的に活用できる試験方法は、JIS（日本産業規格）のL1017（化学繊維タイヤコード試験方法）やASTM（米国試験材料協会規格）などがある。詳細はそれぞれの規格を参照されたい。

6.1　接着性評価方法の分類

　接着性評価法は破壊力を評価するものである。通常、繊維とゴムとの剥離力を評価する剥離試験法と、せん断破壊力を評価するせん断破壊試験法とに分けられる。これらの試験法も、繰り返し伸長、圧縮、捩じりなどの歪みを組合せの有無によって静的評価法と動的評価法に分けられ、さらに、温度条件を変えることによって、温度依存性を評価することもある。図6.1にモデル接着性評価法のそれぞれを示した。評価サンプル形状、破壊速度など評価方法によっても破壊力は変

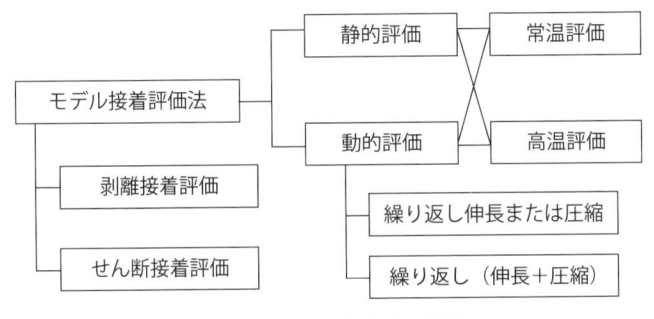

図6.1 モデル接着性評価法

化する。

　接着力はゴムと繊維を剥離破壊あるいはせん断破壊をさせることによって評価される。破壊時には①もっとも弱い場所で起こる、②破壊力は測定法に依存する（剥離もしくはせん断）、③破壊力は測定条件に依存する、④破壊力は接着剤の性質によって変化する、⑤破壊の場所は、繰り返し歪みの与え方、温度、時間などの環境によって変化する。測定時には、この破壊の原則を十分に理解しておくことが大事である。

6.2 接着力測定法

　表6.1に示したように、接着力は、剥離接着力とせん断接着力の2つがある。剥離接着力の測定法には90度剥離、180度剥離およびT型剥離させる方法があり、せん断接着力には、引張せん断力、圧縮せん断力を測定する方法がある。

　ゴムと繊維の接着力測定には、一般的にT型剥離接着力と引張せん断接着力が用いられている。測定サンプルの成形の容易さから引張せん断力を測定する場合が多いようである。

　しかし、剥離接着力とせん断接着力は必ずしもその傾向が一致せず、むしろ逆

表6.1　モデル接着性評価法

	測定法	常温	高温
剥離接着力 （ゴム付）	コード剥離	○	○
	2プライ	○	○
せん断接着力	T	○	
	U	○	○
	H	○	

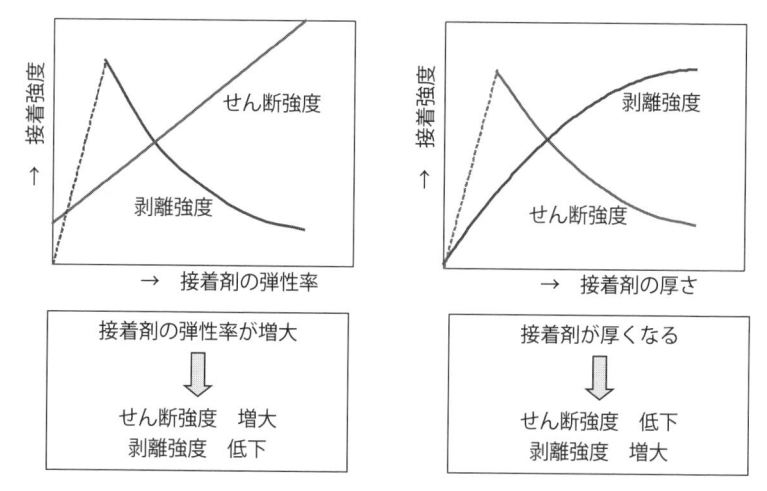

図6.2　剥離力とせん断力と接着剤弾性率と接着剤の厚み[1]

相関をすることが中尾から報告[1]されている。**図6.2**に、中尾による剥離接着力
とせん断接着力と接着剤弾性率と接着剤の厚み（付着率）との関係を示した。こ
の図から高弾性率の接着剤はせん断接着力には有利であることが明らかである。
せん断接着力は接着剤の弾性率の増大に伴って高くなるが、逆に、剥離接着力は
一定の弾性率まで増大し、その後は減少することがわかる。また、接着剤の厚さ
（付着率）依存性をみると、剥離接着力は接着剤が厚くなると増大する。一方、
せん断接着力は一定の厚みまでは増大するが、その後は減少する。これらの挙動
から、剥離接着力とせん断接着力とは逆相関しており、両立させることはきわめ

て難しいことがわかる。さらに、接着評価で大事なことは、接着力測定後の繊維
とゴムの破壊表面（破壊後の補強繊維へのゴム付き）の観察である。どのような
破壊表面を示すかは、接着力の数値とともに、接着性の良否を決定する指標とな
る。破壊後の観察を十分に行いたいものである。

　図6.3に接着評価後の破壊箇所を示した[1]。一般的に、繊維とゴムの接着測定
後の破壊部分は、①接着剤の凝集破壊、②ゴムもしくは繊維と接着剤の界面破
壊、③①と②の混合した混合破壊、④繊維もしくはゴム（すなわち被着体）が破
壊する被着体凝集破壊の4つの破壊箇所が観察される。これらの4つの破壊箇所
の中で、接着性評価でもっとも好ましいのは、接着力が高く、被着体ゴムの凝集
破壊を示す場合である。

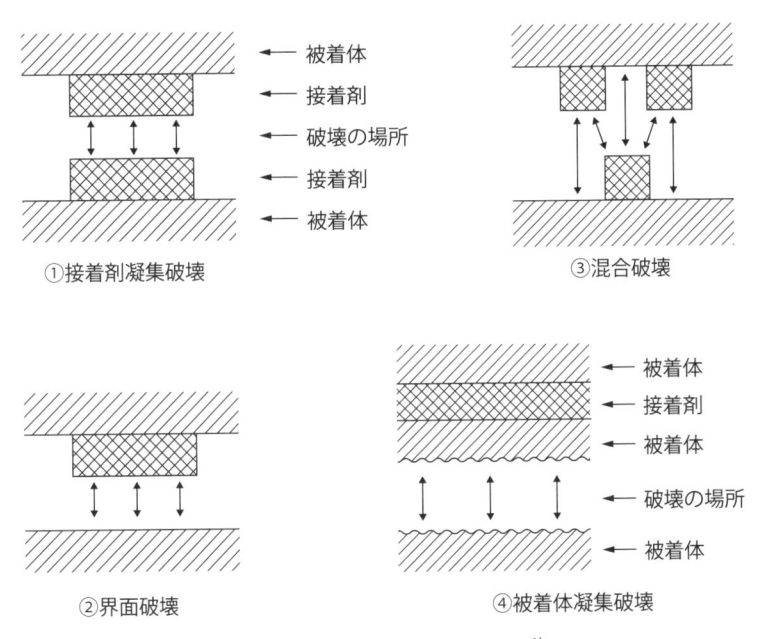

図6.3　接着評価後の破壊箇所[1]

6.3 静的接着性評価法

6.3.1 剥離接着法

　繊維とゴムの剥離接着法には、未加硫ゴムと①シングルコードのみ、②シングルコードを平面状に並べる、③スダレもしくは織物を合わせて成形後、加硫し、評価サンプルを作成し、測定条件を決め、繊維とゴムを破壊して評価する方法である。前者①をシングルコード剥離法（SESA：Single End Strip Adhesion test）、後者②および③をプライもしくは織物剥離法（Fabric Stripping test）と言う。評価法の呼称については、各社にそれぞれ呼び方があるようである。

　①のシングルコードの剥離接着法として筆者らの方法を紹介する。まず、所定寸法の金型（モールド）に接着処理コードを一定間隔（通常7本）に並べ、一定幅のPETフィルムもしくは布（接着処理コードとゴムの間に未接着部分を作るため）を置く。次に、その上に所定の厚さの未加硫ゴムを重ね、さらに補強布を重ねて金型の上蓋の金属板を置く。そして、所定の温度、時間および圧力をかけて加硫する。加硫後は冷却して金型から取り出すことで、**図6.4**に示したような接着処理コードを上にした剥離接着力評価サンプルが得られる。測定時、図6.4に示す切断箇所で補強布付きゴムと両端の2本のコードを切断する。両端の補強布付き切断部の上下を**図6.5**[2]の引張試験機用チャックにはさみ、所定の引張速度で5本コードとゴムの剥離接着力を測定する。

　②の織物剥離接着法は所定の2枚の接着織物の間に一定厚さの未加硫ゴムをはさみ、所定の温度、時間、圧力をかけて加硫し所定の大きさの評価サンプルを作成する。接着力測定は図6.5に示すようにシングルコードと同様に行う。

　剥離接着力測定後は、測定値だけでなく、剥離後のシングルコードと織物のゴム付き状態をしっかりと観察することが大事である。

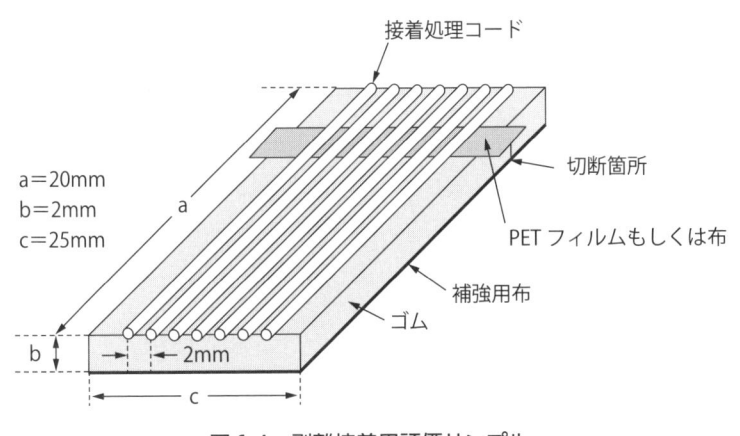

a＝20mm
b＝2mm
c＝25mm

接着処理コード

切断箇所

PETフィルムもしくは布

補強用布

ゴム

2mm

図6.4 剥離接着用評価サンプル

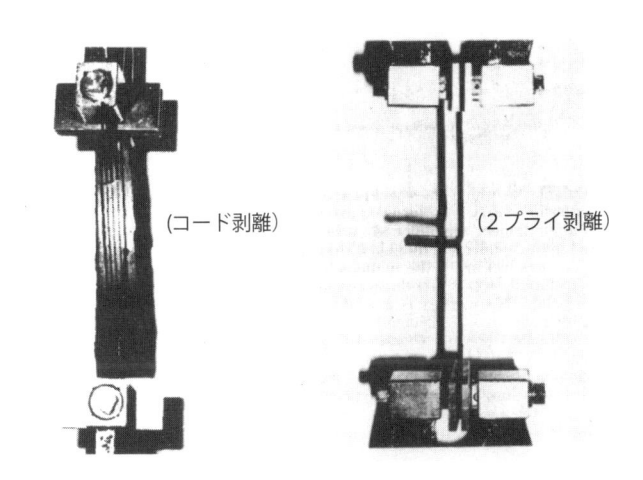

（コード剥離）　　　（2プライ剥離）

図6.5 剥離試験の状況[2]

6.3.2 引抜接着評価法

　引抜接着はゴムに埋め込んだ一定の長さの接着処理コード（たとえば、7mmもしくは10mm）をゴムから引き抜く際の力（すなわち、せん断力）を評価する。このモデル評価法は、比較的簡単に評価サンプルを作成することができ、剥離接着力よりも評価しやすいこともあって、汎用的に使われている。これまで多

くの方法が報告されており、タイヤメーカーや接着処理加工メーカーなどは、これらの方法のいずれかを採用しているものと思われる。

　具体的には、**図6.6**[2)]に示すように、Hテスト、TテストおよびUテストである。これらの評価法のうち、Uテストは測定治具に電気ヒーターが組み入れられており、常温だけでなく加熱状態でも引抜接着力を評価できることが特徴である。

　引抜接着は、基本的には接着処理コードと未加硫ゴムを金型に埋め込み加硫サンプルを作り、冷却後、標準状態に一定時間保持し、スリットを有する治具に装着し、一定条件でゴムからコードを引き抜くことによって接着力が得られる。

　図6.6に示したように、HテストおよびTテストのいずれの方法もスリットのついた治具に挟み込み、コードを引き抜くことによって接着力が得られる。引抜接着実施にあたっては以下の点に注意すべきである。

　引抜接着力が高いとしばしばコード切れが発生する。この場合には、ゴムに対するコード埋め込み長（ゴムの厚み）を調整する必要がある。通常ゴム中のコード埋め込み長は10mmであるが、コードが切断する際には、コード埋め込み長を

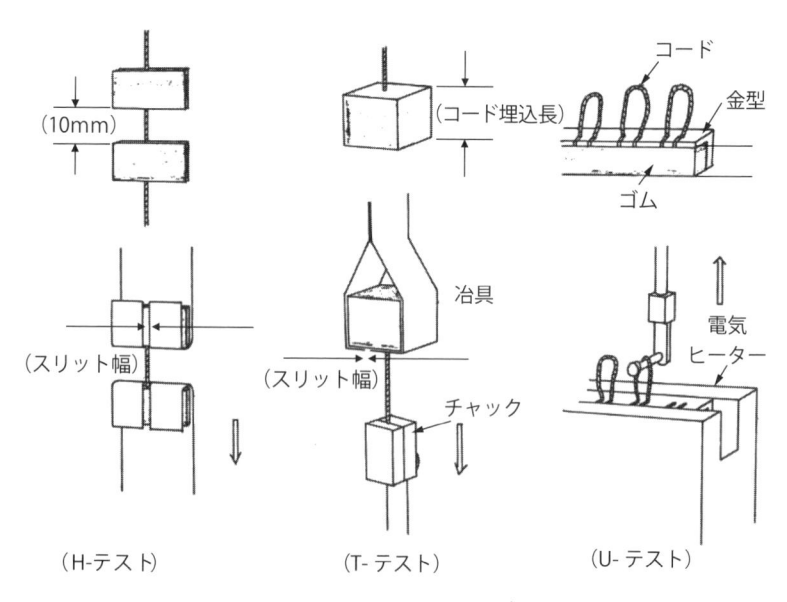

図6.6　引抜接着評価法[2)]

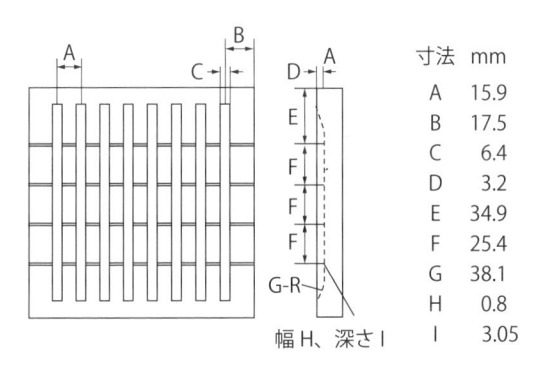

寸法	mm
A	15.9
B	17.5
C	6.4
D	3.2
E	34.9
F	25.4
G	38.1
H	0.8
I	3.05

幅H、深さI

図6.7　Hテスト用[3]

短くする（たとえば7mm）。また、コードゲージ（コード直径）により最適なスリット幅を採用する必要がある。

　一般的には、引抜接着力は標準状態で測定されるが、一定時間、高温（たとえば120℃）でサンプルを保持し、冷却したあと再び標準状態に戻して、一定時間保持して測定することも行われている。高温下での接着剤の劣化による接着力の低下を評価する方法として使われることもある。図6.7に一例として、Hテスト用金型（モールド）を示す[3]。

6.4 動的接着性評価法

　タイヤ、伝動ベルト、搬送ベルトおよびゴムホースなどの繊維補強複合材料は、静的な状態（すなわち停止状態）と動的な状態（すなわち、走行状態）を繰り返して使われる。動的な状態とは、外力によって、マトリックスゴム、補強コードおよび接着界面に対して伸長、圧縮、曲げおよびよじれなど歪みがかかる状態を言う。一般的に、動的状態のゴム複合材料は発熱するので、温度の影響も無視できない。加硫後の試験サンプルを熱処理もしくは温度と時間を厳しい条件

に設定し、加硫（過加硫）後、接着を測定し、動的接着のモデルにすることもある。

　動的接着性は一定時間、伸長、圧縮および曲げなどの歪みをかけた後の接着の良否を評価するものであるが、この性能の良否は、補強コードの疲労性、繊維複合材料の寿命にも関連しており、接着剤開発において、きちんと評価をしておくことはきわめて重要である。

　しかし、実用途の動的な状況は非常に複雑であり、なかなか一義的な評価ができないように思える。そのために、これまでも多くのモデル動的接着評価法が開発されている。モデル静的接着評価法に比較して、動的接着性は評価用サンプル成形、評価時間や歪みのかけ方など、必ずしも簡単でない。汎用的に評価されることは少ない。

　モデル動的接着試験法には、静的接着試験法と同様に、剥離接着と引抜接着がある。最終的には、実用途の走行試験で評価されるが、モデル動的接着評価も接着剤開発時におおよその目安をつけるために、重要である。できるだけ、簡便に評価できる方法が望ましいのは言うまでもない。具体的なモデル動的接着評価法に関しては、前田[3]や三橋[4),5)]らの詳細な総説がある。ここでは簡単な説明に留めるが、詳細は総説を参照されたい。

　三橋は歪の与え方によって動的接着疲労試験法を下記の三つに分類した[4)]。

1）引張型動的接着疲労試験方法
2）圧縮型動的接着疲労試験方法
3）曲げ型動的接着疲労試験方法

ここでは、これらについて概説する。

6.4.1　引張型動的接着疲労評価法

　この方法は、補強コードとゴムを複合し、成形した加硫サンプルの補強コードもしくはゴムに繰り返し引張り、補強コードとゴムの界面に繰り返しせん断歪を加える方法と繰り返し引張力を加える方法である。

　たとえば、引張型繰り返しせん断力測定は、**図6.8**に示したY.Iyengar による Dynamic Shear Adhesion（D.S.A）と呼ばれる装置[2),3)]で行うことができる。こ

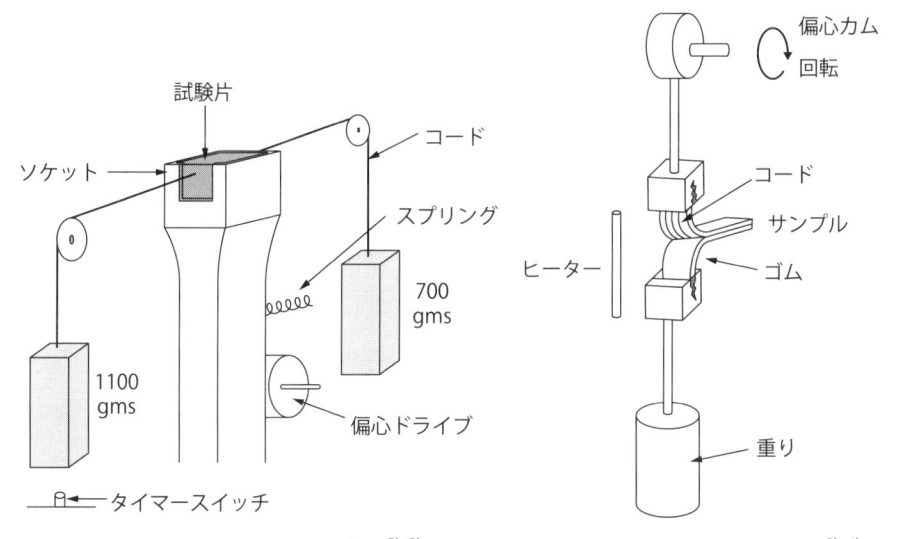

図6.8　Y.Iyengarによる装置[2), 3)]　　　　図6.9　J.R.Scottによる装置[2), 4)]

の試験では、マトリックスゴムに埋め込まれた補強コード/ゴム複合サンプルに一定の張力をかけて、ストローク（繰り返しせん断力）を与え、ゴムからコードが抜けるまでの時間を測ることによって、補強ゴムとゴムのせん断力の耐久性を評価する。もちろん、一定時間のストロークを与えた後に、引抜接着力を測定することによって、経時的なせん断力の変化を知ることもできる。

　引張動的剥離試験に関しては、**図6.9**に示すJ.R.Scottの考案した装置[2), 4)]による方法がある。この方法は、図から明らかなように、一定荷重（1〜7kgf）をかけた接着界面に、偏心カムによって繰り返し応力（ストローク：0〜0.5mm、1,000〜2,500回転/分）を与えて、剥離界面が一定の長さになるまでの時間で接着疲労を評価する。ヒーターにより加熱することも可能であり、接着力の温度依存性を測定することもできる。この方法は非常に簡便にできる利点がある。

6.4.2　圧縮型動的接着疲労評価法

　三橋は①繰り返し落下衝撃型と②一定圧縮荷重下でさらに一定振幅の圧縮変形を加える"Flexo-meter"による方法を紹介している。Dunlop Fatigue Tester

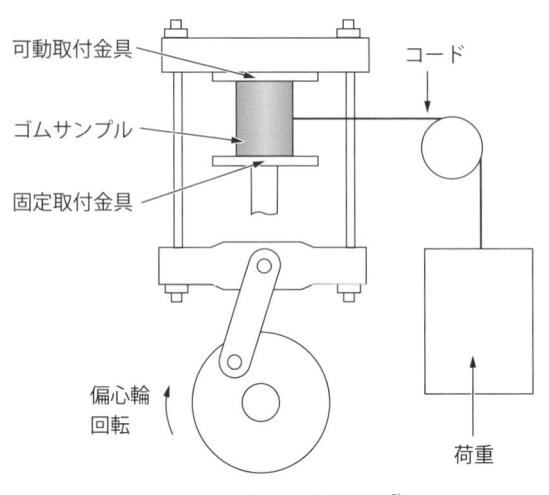

図6.10　Flexo式試験法[2]

として、ゴム／繊維複合サンプルに繰り返し荷重を衝撃的に落下させ、圧縮ごとにコードとゴムの界面に生じるせん断ひずみにより接着疲労劣化を起こさせるものである。

　Dunlopの試験機はかなり複雑であるが、Flexo式試験法には、**図6.10**[2]に示す方法がある。この方法は繰り返し圧縮力を一定期間与え、接着力の劣化の度合いを見る。比較的簡便なテスト法と言われている。

6.4.3　曲げ型動的接着疲労試験法

　曲げ型動的接着疲労試験法は比較的簡易に行われる。簡易な装置の一例を**図6.11**[5]に示す。ゴム／繊維の複合サンプルをベルト状に成形し加硫する。このベルトサンプルを図に示したように回転プーリーに装着し、荷重をかけて一定時間回転させる。

　サンプルは内側のゴムが圧縮、外側のゴムが引張を受ける。比較的な簡単な方法であるが、コードに受けるせん断の状況が異なることに留意が必要である。

　コード1本が圧縮と引張（伸長）を受ける著名な装置としては、**図6.12**に示すGoodyear Tube Fatigue Tester（G.D.Malloryによる装置）[6]がある。タイヤ

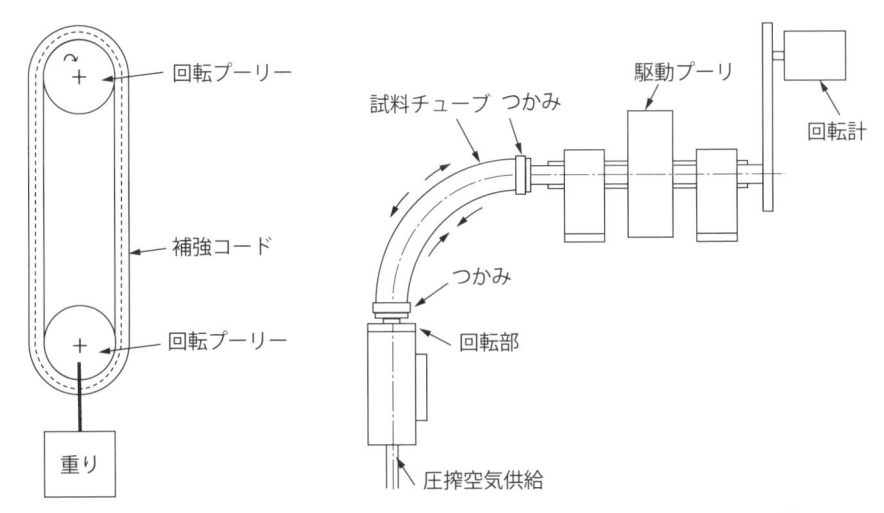

図6.11 R.S.Goyによる装置[5]　　　図6.12 G.D.Malloryによる装置[6]

コードの疲労性試験法として日本産業規格（JIS L1017）にも掲載されている。現在も活用頻度の高い試験方法と推定される。

　ゴム／繊維の複合材料は、チューブ状に成型され、図6.12のように装着される。チューブに一定の内圧をかけ、チューブ表面には5〜10％のひずみ（曲げ角度）を与えて850回転／分の速度で強制的に回転させ、圧縮と引張（伸長）を繰り返し与える。この方法では、補強コードの疲労強度、接着強度の両者を測定できる。実際のタイヤの実走行の挙動は非常に複雑であり、この試験法が評価法として必ずしも優れているとは言い難いが、条件を的確に選定すれば、発熱温度、動的接着性、接着処理コードの疲労性など多くの情報が得られる。

　試験サンプルの成形が複雑なこと、試験時間が長くかかること、試験後の取り扱いなど比較的手間のかかる試験法であるが、実疲労に近く有益な試験法と言える。

　なお、接着処理コードの疲労強度を測定する方法として、よく使われている試験法は、**図6.13**に示すGoodrich試験法[6]である。この試験方法は2枚の回転盤に、ゴム／繊維複合材料（図の接着処理コード2本を埋め混んだ試料ゴムブロック）を装着し、図のように回転盤の間隙を変えることによって、回転中のゴム／

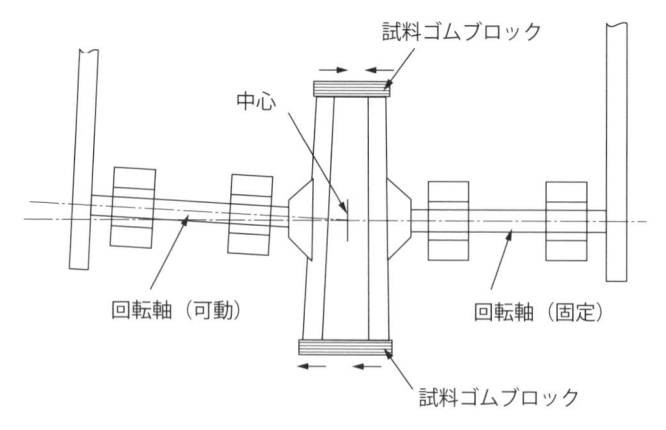

図6.13　Goodrich 試験法[6]

繊維複合材料サンプルに、繰返し伸長/圧縮を与える。所定の回転数（時間）を
与えた後、試験ゴムブロックを取り出し、ゴムを取り除き、コード強力を測定
し、補強コードの疲労強度を測定する方法である。ゴム/繊維にせん断力を与え
てコードを疲労させる。この試験法も比較的に汎用的に使用されている。2枚の
回転盤の間隙を自由に変えることによって、補強コードの疲労強度に対しては非
常に有益な情報が得られるが、ゴム/繊維複合材料のゴムブロックサンプル長が
短く動的接着の情報を得るためには、さらなる工夫が必要である。工夫すれば疲
労後のせん断接着力の測定も可能である。

6.5　まとめ

　ゴム/繊維複合材料について、もっとも重要な接着性評価について、①静的接
着性評価、②動的接着性評価について試験法を中心に述べてきた。静的、動的の
いずれの接着評価法も重要であるが、実用途の接着性能を的確に反映する試験法
が開発されているとは言いがたい。一つの目安として、ゴム/繊維の複合材料の

接着性を評価する試験法として捉えるべきだと考える。ゴム／繊維複合材料の実用途は、タイヤ、伝動ベルト、搬送ベルトやゴムホースなど、安全性を重視され、保安部品として使われることが多いのも確かである。したがって、静的および動的接着性は慎重な評価が要求される。

　動的接着性試験法や寿命予測に関する研究および試験法は現在も実施されていると推察する。さらなる進展を期待している。

【引用文献】

1) 中尾一宗；「化学総説 No.8, 複合材料」（学会出版センター），p151-153（1975）
2) S.K.Clark, Editor;「Mechanics of Pneumatic Tires」National Bureau of Standards monograph, **22**, p291-299（1971）
3) 前田守一；日本ゴム協会誌, **49**(12), p883-897（1976）
4) 三橋健八；日本ゴム協会誌, **54**(8), p509-516（1981）
5) 三橋健八；日本ゴム協会誌, **54**(9), p573-586（1981）
6) JIS L-1017（2002）

第 **7** 章

ゴム補強用繊維の接着技術開発動向

ゴム補強用繊維の接着技術は、1935年に開発された水系RFL接着剤が現在も汎用的な接着剤として、すでに、80年以上使われ続けられている。種々のゴム補強繊維に対して、R/Fのモル比率、RF/L重量比率、ゴムラテックス種など配合組成や熱処理条件を最適化してきた。水系RFL接着剤は天然ゴム、SBRなどの汎用ゴムと繊維表面が活性なレーヨンおよびナイロン繊維に対しては、今後も中心的な基本水系接着剤として使用し続けられると推定される。

　また、不活性表面を有するゴム補強繊維（たとえば、PET繊維）に対しても、表面処理剤（第一浴接着剤）処理後、水系RFL接着剤（第二浴接着剤）が使われていることからも、水系RFL接着剤の有用性がよくわかる。

　現在も種々のゴム補強用繊維に対する新規な接着剤の開発は続けられていると推察されるが、水系RFL接着剤を汎用的に代替する接着剤がいまだ出現していないのが現状である。本章では、水系RFL接着剤の代替接着技術、高性能接着技術や環境対応接着技術、繊維とゴムの接着技術開発動向について述べる。

7.1　ゴム補強繊維接着技術の状況

7.1.1　タイヤコード用繊維の接着技術

　タイヤ、伝動ベルトおよびゴムホース用繊維コードのメイン素材は、現在もレーヨン繊維、ナイロン繊維およびPET繊維である。今後も、これらの繊維がゴム補強用繊維として、タイヤのカーカス材として使われ続けられるであろう。国内で需要が減少していたレーヨン繊維が環境に優しい補強繊維として再び見直されており、需要量も増える傾向にある。

　レーヨン繊維は、ナイロン繊維やPET繊維に比較して低強度であり、水分の影響も大きいが、寸法安定性（弾性率、乾熱収縮）、耐熱性および汎用ゴムとの接着性は良好である。これらの繊維の接着剤として、水系RFL接着剤が使い続

けられることは間違いないと思われる。レーヨン繊維自体は環境に優しいが、製糸法には課題が多く、環境に影響を及ぼさないクローズドシステムの製糸法に関する特許が出願された。コスト/性能のバランスが良いのか、この製糸法の動向が気になる。ナイロン繊維の需要量は、タイヤ形状がバイヤスタイヤからラジアルタイヤへの代替に伴い、需要量は減少の傾向にあるが、高負荷のかかるトラック・タイヤのバイヤスタイヤ用補強繊維として、今後も一定の需要量は維持されると推定される。

　一方、PET繊維は乗用車ラジアルタイヤの補強繊維（カーカス材）として確固たる地位を占めているが、高負荷がかかるトラック・バスタイヤの補強繊維としてほとんど実績がない。ライトトラックタイヤ用補強繊維が限界と言われている。高負荷がかかるトラック・バス用タイヤは、発熱が大きく動的接着性（耐熱接着性）や走行疲労性の低下が大きいことが適用されない理由である。PET繊維の用途拡大を図るために、耐熱接着性が優れた接着剤の開発することは大きな課題である。これまで多くの研究が行われてきたものの、現在までPET繊維用の耐熱接向上接着技術は開発されていない。PET繊維がキャッププライ補強繊維として適用されれば、需要拡大に結びつく。そのためには耐熱接着剤開発の可能性の見極めが必要かと考える。

　パラ型アラミド繊維は、メインの補強繊維にはならないと推定されるが、この繊維に対する最適接着剤の開発も課題である。比強度および比弾性率が高いので軽量化素材としては魅力的であるが、圧縮強度が低く、走行疲労性が懸念される。一部のタイヤ種や伝動ベルトの補強繊維として、軽量化にも結びつく用途開発は進展すると予想する。キャッププライ材としてナイロンとのハイブリッドコードも使い続けられると推察する。

　接着処理コードの生産効率を上げるために、補強繊維の種類によらず生産速度は速くなってきたが、生産条件だけでなく水系RFL接着剤のさらなる組成最適化、付着量低下などにより接着剤コストの低下を目的とした研究開発は今後も続けられるだろう。

7.1.2　伝動ベルト補強用コード接着剤

　伝動ベルト補強用繊維は伝動効率を上げるには適切な収縮応力の発現が必要である。この用途には、最適繊維として、張力制御の必要のないPET繊維が適用されている。ローエッジベルトはベルト端面に補強繊維コードが露出する構造になっている。繊維コード中に十分に接着剤が含浸（すなわち、単糸まで接着剤が被覆）しないと、伝動ベルト成形時や走行時に伝動ベルト端面の単糸繊維がほつれて飛び出し、走行耐久性が悪くなる。したがって、補強繊維コードの中まで、接着剤が十分含浸していることが必要である。

　一般的に、ローエッジベルト補強用PET繊維コードは、第一浴接着剤として、イソシアネートやエポキシ化合物の溶剤処理が行われ、第二浴接着剤として水系RFL接着剤が使われる。溶剤処理をすることにより、一浴目の接着剤が容易にコード中に含浸する。溶剤系処理によりベルト製造時および走行時にも補強用繊維の単糸が伝動ベルト側面から飛び出すことはなく、高耐久性となる。繊維コードの中まで含浸する安全性・健康面から溶剤を使用しない水系接着剤の開発は加工工程も含めて期待されている。すでに、繊維コード中への含浸性の良好な水系接着剤の開発が進展しているともいわれているが、実用化の情報は少ない。特許では種々報告されている。

　接着剤含浸性の良好な伝動ベルト用補強繊維は、PET繊維だけでなく、高強度・高弾性率で寸法安定性が優れるパラ型アラミド繊維の耐ホツレが良好な接着技術も、溶剤系だけでなく水系接着技術の開発は特許などに数多く報告されていることはすでに第4章で述べた。しかし、PET繊維やアラミド繊維などの接着処理は、成形後の耐ホツレ性だけでなく、高強度、高耐久性など高性能であることが要求され、さらなる技術開発が期待される[1),2)]。

7.1.3　ゴムホース補強用コード接着剤

　一方、自動車用途に多く使用されている高機能ゴムホースには、高機能を有する多くのゴム（特殊ゴム）が開発され、使用されている。高機能を有するマトリックスゴムの多様化に伴い、水系RFL接着剤のラテックス成分として、マト

リックスゴムに親和性を有するゴムラテックスが開発され、水系RFL接着剤の
ゴムラテックス成分として用いれば、マトリックスゴムとの親和性が増し、接着
性向上には有利である。しかし、市販の特殊ゴムラテックスは少なく、現実に
は、マトリックスゴムを溶剤に溶解したゴム糊もしくはゴムセメントや市販のゴ
ム用溶剤系接着剤を塗布して、マトリックスゴムとの接着力を向上させる処理方
法が多い。この溶剤系接着剤処理工程の省略は、溶剤の環境・安全に対する懸念
を低減できる。防爆装置設置も不要であり、コスト面でも有利となる。このよう
に、新規高機能特殊ゴムをマトリックスとする接着技術の開発も残された大きな
課題である。溶剤系接着剤メーカーも水系接着剤開発に注力しているようである[3]。

7.2 環境・安全に考慮した接着剤

7.2.1 RFフリー接着剤

　繊維とゴムの接着剤として汎用的に使用されている水系接着剤RFLの構成成
分である、ホルムアルデヒドやレゾルシンの人体に与える影響が懸念されてい
る。ホルムアルデヒドはレゾルシンより健康と安全に対する危険性が高く、また
レゾルシンは環境負荷が大きいとも言われる[4]。

　2004年、ホルムアルデヒドは世界保健機構の国際がん研究機関（IARC）の科
学者グループによりグループ2A、その後グループ1に分類された。2007年6月1
日に施行されたREACH（Registration, Evaluation, Authorization and Restriction
of Chemicals：2007年6月1日に施行）でもホルムアルデヒドは懸念化学物質と
してあげられている[5]。また、2023年7月17日、REACH規則に新たな項目とし
てホルムアルデヒド放出剤の制限を追加した。具体的には木質系製品、自動車内
装品からのホルムアルデヒドの放出を規定値以下に制限するものである[6]。
REACH規則ではいまだホルムアルデヒドの使用禁止は出ていないが、いつ禁止

されてもおかしくない状況ではある。このような状況で、環境や人体に影響を与える成分を使用しない安全性の高い接着剤の開発は大きな課題であると考える。繊維メーカー、ゴム資材メーカーなどがレゾルシン、ホルムアルデヒドを使用しない水系RFフリー接着剤の開発に注力し始めたのは当然であろう。2000年以降、すでに、かなりの数の開発例が、特許などに公開されている。国内外の繊維メーカーからもRFフリー接着剤の開発が新聞や関連雑誌に発表されている[7]。
　たとえば、コルドサは以下の接着剤および処理条件を提案している[8]。

・接着剤内容
　①カルボン酸含有アクリル樹脂：0.5〜10%（1.5%〜5%）*
　②エポキシ樹脂：2〜10%（4.5〜7%）*
　③ブロックドイソシアネート：5〜17%（9〜14%）*
　④SBRラテックス：5〜17%（10〜13%）*
　⑤VPラテックス：50〜80%（65〜75%）*
・接着剤濃度：15%（PH：9〜10）
・処理条件：100〜210×200〜240×210〜235（℃）
　　　　　　（150〜200）（225〜240）（220〜230）*
　　　　　　　60　×　60　×　60（秒）
（＊は好ましい範囲を示す）

　接着評価結果を**表7.1**に示す。上記の①＋②＋③がRF代替成分である。レゾルシン代替接着剤の特許も出願されている[4]。

表7.1　RFフリー接着剤の接着条件

組成	アクリル (%)	エポキシ (%)	B-イソ (%)	SBR-L (%)	VP-L (%)	接着 (指数)
1	2.4	6.6	11.1	12.0	68.0	107.9
2	1.8	5.1	13.0	12.0	68.0	103.1
3	4.3	5.5	10.2	12.0	68.0	101.4
比較	RFL（D-5A）					100.0

7.2.2 　既存接着成分代替

　また、PET繊維、アラミド繊維など、不活性表面を有するゴム補強用繊維の表面処理剤として汎用的に使われている脂肪族エポキシ化合物は、繊維表面重合硬化型表面処理剤として有用であるが、代替技術が探索されている。しかし、現実には、エポキシ代替化合物を見出すことは難しいように思われる。

7.3 　物理処理法

　以前から化学処理を代替する物理処理により、不活性表面を有する繊維の表面活性化技術が数多く研究されている[9]。特に、プラズマ処理技術が注目されているのは周知のとおりである[10]。すでに、第4章に技術開発の状況を述べた。

　この処理法は、繊維極表層のみを改質することが可能であり、繊維コード物性に影響を与えない表面改質技術と考えられている。当初は、減圧下で行う低温プラズマ処理技術による研究開発が継続的に行われていたが、最近では大気圧プラズマ処理機が開発[11]され、不活性繊維表面を常圧で改質可能になってきた。しかし、プラズマ処理方法は、活性基が導入されても処理後の経時退行に課題があり、単独処理のみでは実用化するのは難しいと考える。

　物理処理法は、以前に筆者らが研究したイオンプレーティングプラズマ法[12]やプラズマによる表面重合などを含め、接着処理工程を含めて検討すべき課題と考える。オランダのツエンテ大学の研究が期待される[13]。この研究はプラズマ重合に関するものである。実用化のハードルは高いと推察されるが、ブレークスルーが望まれる研究・技術開発であり期待している。

7.4 まとめ

以上、ゴム補強用繊維の接着技術開発動向を概括した。マトリックスゴムを繊維で補強するゴム複合材料は、引き続き我々の生活に使い続けられることは間違いない。また、ゴムと繊維の優れた接着性はゴム複合材料の性能に大きく影響するために継続した接着技術の開発はきわめて大事である。

RFフリー接着剤の開発は、最近やや沈静化している印象があるが、いつホルマリン規制が強化されるかわからない状況である。実用化までの課題をしっかり把握し、対応策を検討しておくべきであろう。PET繊維の耐熱接着技術開発の見極めや伝動ベルトやゴムホースのマトリックスゴムである特殊ゴムに対する接着性改良はブレークスルーが期待される。ローエッジ伝動ベルト心線の接着技術は端面のホツレ防止を加味したものでなければならない。

高性能接着技術の開発は単に接着剤の高性能化だけではなく、健康、安全や環境を考慮、すなわち、これまでも触れたようにSDGs（持続可能な達成目標）を加味した技術開発でなければならないことは言うまでもない。

【引用文献】

1) たとえば、帝人；特許第6174387、
2) 帝人；https://www.gomutimes.co.jp/?p=164578
3) たとえば、ロードコーポレーション；特表平11-508302
4) ブリヂストン；特開2021-176952
5) 日本接着学会編；「接着技術教本」, 日刊工業新聞社, p263〜268（2009）
6) 2023年7月19日付—テュフ ラインランド 最新国際規制情報ページ；
   https://insights.tuv.com/jpblog/chem-202371
7) 東レ；https://www.toray.co.jp/news/details/20210721202327.html
8) コルドサ；USP2015/031510A（2015年11月5日）
9) 渡邉博佐；繊維学会誌, **58**(18), 204〜208（2002）
10) Ernest L. Lawton；J. Apply. Polymer. Sci., 18, 1557（1974）

11）大気圧プラズマ装置；https://metoree.com/categories/3767/

12）髙田忠彦, 古川雅嗣；日本ゴム協会誌, **63**(4), p217〜223（1990）

13）W.Dierkes et al.；Polymers 2019, 11, 577

あとがき

　本書はタイヤ、伝動ベルト、搬送ベルトやゴムホースなどのゴム複合材料用補強繊維および接着加工技術につき、開発経緯、内容、現状などを過去の文献および筆者の経験をもとにまとめたものである。また、ゴム補強繊維は、接着性だけではなく、力学的性能、熱的性能や疲労性なども重要である。これらの性能に関連している繊維生産技術にも触れている。

　繊維／ゴム複合材料用ゴム補強の繊維生産、接着加工技術を含めて、1990年代以降、多くは海外に移転されており、成熟した技術かもしれないが、冒頭にも述べたように、国内でこれらの分野に関係している、特に若手の研究者や技術者に技術伝承することはきわめて意味があると考え、本書を作成することを思いついた。

　ゴムの複合材料の補強繊維と接着加工技術は必須であり、関係の研究者や技術者には参考になると信じている。本書の引用文献などを参考にしながら、ゴム補強繊維に関係されている研究者、技術者が発想を変え、さらに補強繊維および接着加工研究および技術開発を継続し、深堀されることを期待している。

　おわりに、本書を発行するにあたり、適切なアドバイスをいただいた元広島大学副学長、名誉教授の山根八洲男先生、日刊工業新聞社編集部の皆様には大変お世話になりました。この場を借りて心から厚くお礼を申し上げます。

索 引

206

た

な

は

や

ら

わ

ま

● 著者略歴

髙田　忠彦（たかた　ただひこ）

工学博士（広島大学）、技術士（繊維）、高分子学会フェロー

略歴　・1965年3月　広島大学工学部応用化学科卒業
　　　　・1965年4月　帝人入社後、繊維研究所3研究室長、大阪本社加工技術第2部長を経て、
　　　　　　　　　　　1999年3月　帝人コード（タイランド）社長に就任。研究所において、
　　　　　　　　　　　ナイロン繊維、ポリエステル繊維およびアラミド繊維の加工研究に従事
　　　　　　　　　　　し、関係会社では企業化、経営を経験し、定年退職。
　　　　・2002年6月　広島大学大学院工学研究科教授、産学連携センター長・教授として、研
　　　　　　　　　　　究および産学連携活動、MOT（技術経営）教育に従事し、2006年3月、
　　　　　　　　　　　定年退職後、引き続き客員教授などとして、上記活動を継続し、2013年
　　　　　　　　　　　3月退職。
　　　　・2013年4月　髙田技術コンサルタント事務所を開設し、企業からの専門関連技術相
　　　　　　　　　　　談、若手社員の人材育成教育、講演などを実施中。

専　門　合成繊維の表面改質・処理、繊維／ゴムの接着技術、複合材料、MOT（技術経
　　　　営：特に、技術移転）

著書（共著）「複合材料と界面」（材料技術研究協会）（1986）
　　　　　　「ものづくり技術・技能の伝承と海外展開」（日刊工業新聞社）（2008）
　　　　　　「ポリウレタンを上手に使うための合成・構造制御・トラブル対策及び応用技術」（R
　　　　　　＆D支援センター）（2020）
　　　　　　"High-performance Fibers" in Ullman's Encyclopedia of Industrial Chemistry
　　　　　　(VCH Vellagsgesellschaft)（1989）など

ゴム補強繊維の接着技術

NDC 586.1

2024年12月24日　初版1刷発行

定価はカバーに表示されております。

Ⓒ著　者　髙　田　忠　彦
　発行者　井　水　治　博
　発行所　日刊工業新聞社

〒103-8548　東京都中央区日本橋小網町14-1
電話　書籍編集部　　03-5644-7490
　　　販売・管理部　03-5644-7403
　　　FAX　　　　　03-5644-7400
振替口座　00190-2-186076
URL　https://pub.nikkan.co.jp/
e-mail　info_shuppan@nikkan.tech

印刷・製本　新日本印刷株式会社

落丁・乱丁本はお取り替えいたします。　　　2024 Printed in Japan
ISBN 978-4-526-08362-4　C3043